Vicente Pereira de Barros

PRINCÍPIOS DE RELATIVIDADE: O QUE HÁ DE ESPECIAL NO MOVIMENTO?

Rua Clara Vendramin, 58 . Mossunguê . CEP 81200-170 . Curitiba . PR . Brasil
Fone: (41) 2106-4170
www.intersaberes.com
editora@intersaberes.com

Conselho editorial
Dr. Ivo José Both (presidente)
Drª. Elena Godoy
Dr. Neri dos Santos
Dr. Ulf Gregor Baranow

Editora-chefe
Lindsay Azambuja

Gerente editorial
Ariadne Nunes Wenger

Assistente editorial
Daniela Viroli Pereira Pinto

Preparação de originais
Guilherme Conde Moura Pereira

Edição de texto
Palavra do Editor
Guilherme Conde Moura Pereira

Capa
Débora Gipiela (*design*)
white snow e ASK Art/Shutterstock
(imagens)

Projeto gráfico
Débora Gipiela (*design*)
Maxim Gaigul/Shutterstock (imagens)

Diagramação
Muse design

Responsável pelo *design*
Débora Gipiela

Iconografia
Sandra Lopis da Silveira
Regina Claudia Cruz Prestes

Dados Internacionais de Catalogação na Publicação (CIP)
(Câmara Brasileira do Livro, SP, Brasil)

Barros, Vicente Pereira de
    Princípios de relatividade: o que há de especial no movimento? / Vicente Pereira de Barros. Curitiba: InterSaberes, 2021. (Série Dinâmicas da Física)

    Bibliografia.
    ISBN 978-65-5517-981-1

    1. Física – História 2. Relatividade (Física) I. Título. II. Série.

21-58306   CDD-530.11

Índices para catálogo sistemático:
1. Teoria da relatividade: Física   530.11

Cibele Maria Dias – Bibliotecária – CRB-8/9427

1ª edição, 2021.

Foi feito o depósito legal.

Informamos que é de inteira responsabilidade do autor a emissão de conceitos.

Nenhuma parte desta publicação poderá ser reproduzida por qualquer meio ou forma sem a prévia autorização da Editora InterSaberes.

A violação dos direitos autorais é crime estabelecido na Lei n. 9.610/1998 e punido pelo art. 184 do Código Penal.

Sumário

Apresentação 6
Como aproveitar ao máximo este livro 8

1 A relatividade de Galileu 13
   1.1 A relatividade na história 14
   1.2 Referencial e sistemas de coordenadas 19
   1.3 Movimento e dinâmica newtoniana 24
   1.4 Referenciais inerciais e não inerciais 31
   1.5 Transformações de Galileu 42

2 O conflito entre o eletromagnetismo e a relatividade de Galileu 57
   2.1 O eletromagnetismo: um desafio para a mecânica 58
   2.2 Velocidade da luz: um desafio experimental 73
   2.3 O experimento de Michelson-Morley: o fim da hipótese do éter luminífero? 81
   2.4 As transformações de Lorentz: uma "luz" no fim do túnel 94

3 O espaço e o tempo na relatividade especial 109

3.1 Conflitos entre o eletromagnetismo e a cinemática 110

3.2 Os postulados da relatividade restrita: a simultaneidade passa a ser relativa 117

3.3 Os diagramas de Minkowski: um sistema para representar o espaço em quatro dimensões 133

3.4 A dilatação do tempo 141

3.5 A contração do espaço 146

3.6 Intervalos no espaço: tempo e causalidade 150

4 As consequências da relatividade especial 164

4.1 O efeito Doppler 167

4.2 Dilatação temporal nos raios cósmicos 179

4.3 Paradoxos da relatividade 183

4.4 Velocidades superluminares 193

5 Momento, energia e massa 206

5.1 As forças e a teoria da relatividade especial 208

5.2 A conservação do momento linear 210

5.3 As energias relativísticas 219

5.4 Relação entre momento e energia na relatividade 227

6 Introdução à relatividade geral 236

    6.1 Desafios que geraram a teoria da relatividade geral 237

    6.2 O princípio da equivalência 242

    6.3 O potencial gravitacional e a teoria da relatividade geral 250

    6.4 O efeito da massa no espaço-tempo 254

Além das camadas eletrônicas 281
Referências 282
Bibliografia comentada 290
Respostas 293
Sobre o autor 295

Apresentação

Escrever um livro sobre qualquer tema da física não é simples, em virtude da grande quantidade de material disponível e da gigantesca produção de conhecimento dessa ciência na atualidade. Diante disso, surge o desafio de abordar os conteúdos de forma diferente.

Neste material, apresentaremos a discussão histórica e as implicações culturais e técnicas do desenvolvimento da teoria da relatividade, além da técnica básica para sua compreensão.

Iniciaremos, no Capítulo 1, com um panorama histórico do estudo do movimento e seus efeitos na forma como percebemos o mundo. Para tanto, abordaremos a cinemática, a dinâmica e os sistemas inerciais, culminando com as transformações de Galileu da mecânica clássica.

No Capítulo 2, trataremos do conflito conceitual entre a relatividade da mecânica clássica e o eletromagnetismo. Destacaremos as principais ações que levaram os pesquisadores a formularem a representação matemática que se tornou a linguagem da relatividade moderna.

As especificidades da relação espaço-tempo na relatividade serão examinadas no Capítulo 3, que objetiva ofertar um ferramental para a compreensão dos termos e procedimentos utilizados pelos estudiosos da área.

No Capítulo 4, discutiremos os efeitos da relatividade no cotidiano e em áreas aplicadas, como acústica e astronomia. Já no Capítulo 5, analisaremos suas implicações sobre os princípios de conservação de energia, momento linear e massa.

Por fim, no Capítulo 6, enfocaremos os conceitos de relatividade geral e veremos como a teoria da relatividade se tornou uma teoria da gravitação.

Qualquer pessoa pode fazer uso deste livro no que se refere às discussões acerca da natureza da prática científica. No entanto, a plena apropriação dos conteúdos será mais simples para leitores que tenham um conhecimento razoável sobre eletromagnetismo e cálculo diferencial e integral, como estudantes de graduação em Física e em Engenharia, em seus diferentes campos. Isso porque esses conhecimentos funcionarão como uma linguagem facilitadora da apreciação dessa grande construção que é a teoria da relatividade.

Ao longo do texto, o leitor poderá, ainda, refletir sobre os desafios de se estabelecerem conhecimentos científicos no contexto dos paradigmas da "pós-verdade", vigentes na contemporaneidade, assim como entrará em contato com percursos e discussões históricas fundamentais para o desenvolvimento da ciência.

Desejamos a todos os leitores deste trabalho um prazeroso processo de aprendizagem.

Como aproveitar ao máximo este livro

Empregamos nesta obra recursos que visam enriquecer seu aprendizado, facilitar a compreensão dos conteúdos e tornar a leitura mais dinâmica. Conheça a seguir cada uma dessas ferramentas e saiba como estão distribuídas no decorrer deste livro para bem aproveitá-las.

Primeiras emissões

Logo na abertura do capítulo, informamos os temas de estudo e os objetivos de aprendizagem que serão nele abrangidos, fazendo considerações preliminares sobre as temáticas em foco.

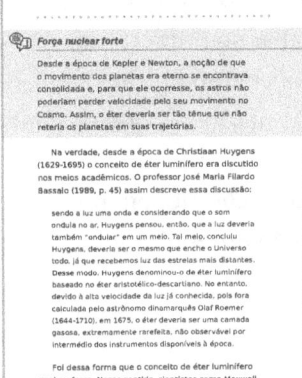

Força nuclear forte

Nestes boxes, apresentamos informações complementares e interessantes relacionadas aos assuntos expostos no capítulo.

Força nuclear forte

Desde a época de Kepler e Newton, a noção de que o movimento dos planetas era eterno se encontrava consolidada e, para que ele ocorresse, os astros não poderiam perder velocidade pelo seu movimento no Cosmo. Assim, o éter deveria ser tão tênue que não reteria os planetas em suas trajetórias.

Na verdade, desde a época de Christiaan Huygens (1629-1695) o conceito de éter luminífero era discutido nos meios acadêmicos. O professor José Maria Filardo Bassalo (1989, p. 45) assim descreve essa discussão:

> sendo a luz uma onda e considerando que o som ondula no ar, Huygens pensou, então, que a luz deveria também "ondular" em um meio. Tal meio, concluiu Huygens, deveria ser o mesmo que enche o Universo todo, já que recebemos luz das estrelas mais distantes. Desse modo, Huygens denominou-o de éter luminífero baseado no éter aristotélico-descartiano. No entanto, devido à alta velocidade da luz já conhecida, pois fora calculada pelo astrônomo dinamarquês Olaf Roemer (1644-1710), em 1675, o éter deveria ser uma camada gasosa, extremamente rarefeita, não observável por intermédio dos instrumentos disponíveis à época.

Foi dessa forma que o conceito de éter luminífero ganhou força. Nesse sentido, cientistas como Maxwell, Hendrik Lorentz (1853-1928), Albert Abraham Michelson

80

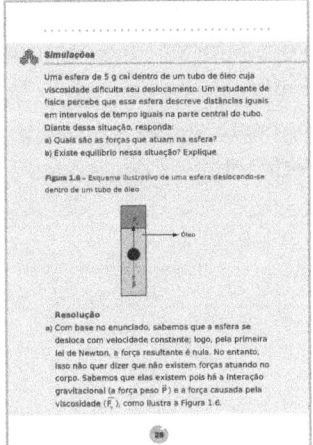

Simulações

Disponibilizamos, nesta seção, exemplos para ilustrar conceitos e operações descritos ao longo do capítulo a fim de demonstrar como as noções de análise podem ser aplicadas.

Simulações

Uma esfera de 5 g cai dentro de um tubo de óleo cuja viscosidade dificulta seu deslocamento. Um estudante de física percebe que essa esfera descreve distâncias iguais em intervalos de tempo iguais na parte central do tubo. Diante dessa situação, responda:

a) Quais são as forças que atuam na esfera?

b) Existe equilíbrio nessa situação? Explique.

Figura 1.6 – Esquema ilustrativo de uma esfera deslocando-se dentro de um tubo de óleo

Resolução

a) Com base no enunciado, sabemos que a esfera se desloca com velocidade constante; logo, pela primeira lei de Newton, a força resultante é nula. No entanto, isso não quer dizer que não existem forças atuando no corpo. Sabemos que elas existem pois há a interação gravitacional (a força peso $\vec{P}$) e a força causada pela viscosidade ($\vec{F_v}$), como ilustra a Figura 1.6.

28

Conhecimento quântico

Para ampliar seu repertório, indicamos conteúdos de diferentes naturezas que ensejam a reflexão sobre os assuntos estudados e contribuem para seu processo de aprendizagem.

Colisões de átomos

Algumas das informações centrais para a compreensão da obra aparecem nesta seção. Aproveite para refletir sobre os conteúdos apresentados.

Radiação residual

Ao final de cada capítulo, relacionamos as principais informações nele abordadas a fim de que você avalie as conclusões a que chegou, confirmando-as ou redefinindo-as.

Testes quânticos

Apresentamos estas questões objetivas para que você verifique o grau de assimilação dos conceitos examinados, motivando-se a progredir em seus estudos.

Interações teóricas

Aqui apresentamos questões que aproximam conhecimentos teóricos e práticos a fim de que você analise criticamente determinado assunto.

Bibliografia comentada

Nesta seção, comentamos algumas obras de referência para o estudo dos temas examinados ao longo do livro.

A relatividade de Galileu

1

Primeiras emissões

Neste capítulo, apresentaremos uma visão geral da história do conceito de relatividade, assim como sua formulação básica, por meio da qual era compreendida no final do século XIX e continua sendo ensinada na educação básica e nos anos iniciais da graduação em Física.

1.1 A relatividade na história

Todos nós vivemos em um mundo repleto de sensações. Em nossa jornada pela vida, realizamos várias intervenções no mundo que nos rodeia e utilizamos a mente, com seus conceitos abstratos, para descrever o que chamamos de *realidade*.

Galileu Galilei (1564-1642) assim definia seu trabalho como cientista: "meu objetivo é expor uma ciência muito nova que trata de um tema muito antigo [...] o movimento" (Nussenzveig, 2002a, p. vi). É interessante notar que nem sempre houve um consenso sobre como é possível descrever o movimento. Na verdade, não havia um sequer um consenso a propósito de sua existência.

O filósofo Zenão de Eleia (ca. 490/485 a.C.-430 a.C.) é famoso por elaborar quatro paradoxos para contestar a ideia de que podemos descrever o movimento (Bassalo, 1997; Boyer; Merzbach, 2012), entre os quais está o paradoxo do estádio, que pode ser enunciado, na linguagem moderna, da seguinte maneira:

Zenão considerou que se dois bastões (A, B) de iguais tamanhos se deslocarem igualmente (hoje diríamos, com a mesma velocidade e em sentidos opostos) em relação a um terceiro (C) mantido fixo, então o observador em A (ou B) vê, num mesmo intervalo de tempo, um deslocamento do bastão B (ou A) duas vezes maior que o do bastão C. Em vista disto, Zenão conclui que o movimento era impossível. (Bassalo, 1997, p. 180)

Essa impossibilidade ocorre quando imaginamos que a velocidade é uma propriedade do corpo e não pode ser alterada pela ação do observador. A velocidade do bastão A não pode ser tomada como diferente pelo simples fato de ser observada por um indivíduo em repouso ou não.

Vejamos como Giordano Bruno (1548-1600) apresentou uma solução para o paradoxo de Zenão, conforme descrito por Bassalo (1997, p. 180):

> Para poder entender o movimento de um corpo em relação a um segundo, também em movimento Giordano Bruno propôs experiências que poderiam ser realizadas a bordo de um navio em movimento uniforme. Assim, se uma pessoa se colocasse no extremo do mastro de um navio e jogasse um corpo no pé desse mastro ou em um ponto qualquer do tombadilho do navio, tal corpo seguiria uma trajetória reta na direção do alvo escolhido, qualquer que fosse a velocidade constante do navio.

Convicto de que um navio em movimento uniforme arrasta qualquer corpo com ele, Giordano Bruno propôs então uma outra variante daquela experiência. Sejam duas pessoas, admitiu Giordano, uma no navio e a outra na margem do rio. Então, quando estiverem uma defronte da outra, deixam cair uma pedra da mesma altura, e em queda livre. Cada pessoa, em particular, verá cair sua pedra ao pé da vertical, numa trajetória retilínea. No entanto, a trajetória descrita pela pedra lançada por uma dessas pessoas, vista pela outra, será uma curva. Por exemplo, a pessoa do navio verá a pedra lançada pela que está na margem, cair em direção à popa de sua embarcação.

Dessa forma, podemos pensar que o filósofo italiano conseguiu argumentar que o movimento não é uma propriedade inata do corpo, mas depende de quem o observa. Nesse caso, por exemplo, a trajetória descrita pelo corpo varia de acordo com o observador. Quem apresentou uma descrição matemática dessa observação foi Galileu, no livro intitulado *Diálogo sobre os dois principais sistemas do mundo: o ptolomaico e o copernicano*, de 1632, no qual utilizou um exemplo muito semelhante ao de Giordano Bruno, porém detendo-se à velocidade de corpos à superfície de um barco em movimento. Esses dois exemplos históricos nos mostram algo muito interessante: tanto a trajetória de um corpo quanto sua velocidade dependem do movimento de quem o observa.

Atualmente, pode ser desconcertante perceber que algo tão claro tenha sido tão contestado. Na verdade, em nenhum momento na história da humanidade a relatividade de grandezas físicas foi um raciocínio simples. Isso é comprovado pelo simples fato de que os autores mencionados, durante muitos anos, sofreram oposição do poder eclesiástico e, também, de outros cientistas.

Figura 1.1 – Situação descrita no livro de Galileu: esquema ilustrativo de diferença da trajetória da queda de uma esfera em um barco observada por um indivíduo em repouso em relação ao barco (Simplício) e por um indivíduo em movimento com o barco (Sagredo)

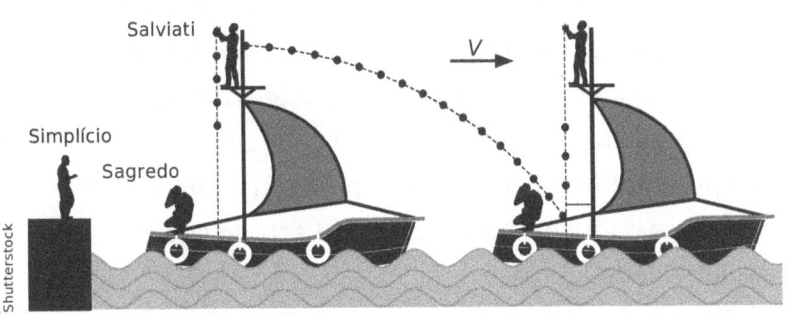

Fonte: Relatividade..., 2013.

Nossas mentes parecem sempre se agarrar a ideias absolutas e, quanto mais geral o absoluto, melhor para nosso pensamento. No entanto, a natureza nem sempre aceita nossas escolhas de absolutos.

Isso, contudo, não implica um "relativismo absoluto". Como diria o famoso físico Lev Landau em um dos poucos livros sobre divulgação científica que escreveu:

> Temos esperança que o leitor depois de ler o nosso livro não continue a pensar que a teoria da relatividade se reduz à afirmação "tudo é relativo". Pelo contrário, o leitor verá que a teoria da relatividade, como qualquer teoria física correta, é o estudo de uma realidade objetiva que não depende de gostos ou desejos de quem for. Ao recusarmos as velhas noções de espaço, o tempo e a massa, aprofundamos os nossos conhecimentos sobre a estrutura real do mundo.
> (Landau; Rumer, 1975, p. 13)

A afirmação "tudo é relativo", além de ser uma contradição lógica, não corresponde ao que encontramos na física. A compreensão de que existem absolutos necessários para a descrição do movimento e nem sempre intuitivos configura um problema que confronta boa parte daqueles que iniciam um estudo sobre a relatividade.

Portanto, o estudo teórico da relatividade do movimento não é um feito recente, do século passado, mas um questionamento milenar.

Antes de prosseguirmos em nossa abordagem, precisamos retomar os conceitos de posições e instantes para aprofundarmos a compreensão do conceito de movimento.

1.2 Referencial e sistemas de coordenadas

Cientes de que o movimento é um fenômeno mais amplo e que seus resultados não devem ser pautados apenas pelo senso comum, podemos começar a analisar a forma com que a física consagrou o tratamento desse conceito na atual nomenclatura.

Assumiremos algumas definições sem grandes discussões sobre seu comportamento matemático. Por exemplo, definiremos *espaço*, de maneira totalmente empírica, como a região em que os fenômenos físicos ocorrem. Do mesmo modo, conceituaremos *tempo* como a grandeza que encadeia os fenômenos físicos.

Para medirmos o tempo, utilizamos referências de fenômenos físicos cíclicos. No início da escrita humana, os mais usados eram o nascer e o pôr do Sol, mencionados pela grande maioria dos povos. Porém, do ponto de vista físico, não há nada de especial com esses fenômenos. Poderíamos usar a excitação e o retorno ao estado fundamental do elétron de uma dada camada de um átomo qualquer para medirmos a passagem do tempo. No entanto, essa medida dificilmente poderia ser obtida pelos instrumentos disponíveis nos primórdios da história humana; por essa razão, a primeira medida de tempo foi o dia.

O espaço, assim como o tempo, precisa de uma escala, uma medida para compreendermos suas variações. Nesse sentido, classicamente podemos utilizar um sistema de referência cartesiano formado por dois eixos orientados, como mostra a Figura 1.2.

Figura 1.2 – Representação de um evento P em um plano cartesiano orientado

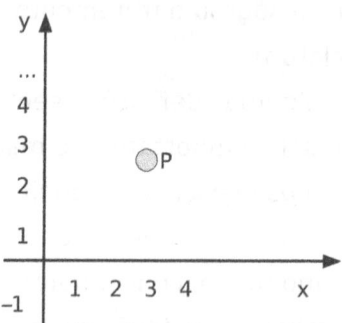

A orientação dos eixos do sistema de coordenadas também é uma definição arbitrária e uma grandeza relativa. Para compreendermos melhor essa questão, digamos que ela se assemelha à forma como definimos *esquerda* e *direita*. Veja o exemplo da casa ilustrada na Figura 1.3. Caso você se dirija até a casa partindo do bosque, a porta estará a sua direta (situação A). No entanto, se você se aproximar da casa partindo do lago (situação B), a porta estará do lado esquerdo. Assim, é possível verificar que direita e esquerda são propriedades relativas.

Existem outros sistemas de coordenadas que nos serão úteis no futuro, mas, por enquanto, o sistema cartesiano será suficiente. Outra propriedade interessante para descrever uma variação do evento P no espaço é a grandeza deslocamento, de natureza vetorial. Isso significa que apresenta três informações, a saber: direção, sentido e intensidade (ou módulo).

Figura 1.3 – Representação da escolha da orientação a partir do movimento

Definimos os conceitos de deslocamento espacial $\Delta\vec{x}$, velocidade $\vec{v}$ e variação de tempo Δt de acordo com as Equações 1.1, 1.2 e 1.3.

Equação 1.1

$$\Delta\vec{x} = (x_f - x_i)\hat{x}$$

Equação 1.2

$$\Delta t = (t_f - t_i)$$

Equação 1.3

$$\vec{V} = \frac{\Delta \vec{X}}{\Delta t}$$

Nessas notações, t_i e t_f são, respectivamente, os instantes iniciais e finais. Já x_i e x_f correspondem às posições iniciais e finais orientadas na direção do eixo representado pelo versor $\hat{x}$.

Note que o tempo e o espaço são grandezas assumidas como imutáveis e necessárias para a descrição do movimento. Além disso, é interessante observar que o tempo, do ponto de vista físico, não tem um sentido previamente determinado nessa formulação. Entretanto, cabe considerar aqui um famoso ditado: "Três coisas não podem voltar atrás: a palavra dita, a seta lançada e a oportunidade perdida".

Desse modo, parece-nos que, apesar de tal descrição não assumir que o tempo tenha uma orientação específica, pela observação empírica concluímos que existe um sentido do "fluir" do tempo, o qual sai do passado e segue para o futuro. Retornaremos a essa discussão em breve.

O estudo da descrição dos deslocamentos dos corpos, independentemente dos sistemas de coordenadas, é denominado *cinemática*. Nesse campo, é necessário compreender, ainda, que, assim como o deslocamento, a velocidade de um corpo também pode variar no tempo.

A grandeza que indica essa variação é denominada *aceleração* e sua notação, aqui, será $\vec{a}$. Podemos verificar que se trata de uma grandeza vetorial, cuja definição matemática é expressa pela Equação 1.4.

Equação 1.4

$$\vec{a} = \frac{\Delta V}{\Delta t}$$

Os sistemas de coordenadas assumidos por indivíduos ou entidades são denominados *referenciais*, uma vez que devem indicar os fenômenos descritos anteriormente. Contudo, um referencial não deve ser nem um pouco preferencial, isto é, os resultados corretos não devem estar condicionados à escolha de tal referencial. Assim, somos confrontados por uma dúvida: "O que significa o termo *correto*?".

Em nosso estudo, *correto* será aquilo que representa e prevê os fenômenos observados em condições controladas. No entanto, usaremos uma outra propriedade física para a descrição do movimento que pode ser compreendida como o fator de diferenciação entre um dado referencial e outro. Essa propriedade física é a força e, para discuti-la, precisamos retomar o estudo da dinâmica.

1.3 Movimento e dinâmica newtoniana

Até este ponto, apenas apesentamos a descrição do movimento sem abordar a entidade que o gera. Como pontuamos, a cinemática estuda a descrição do movimento e a dinâmica investiga como ele é gerado. Esta é regida por leis elaboradas por Isaac Newton (1643-1727), com base em várias contribuições de Galileu e de Johannes Kepler (1571-1630). Newton as estabeleceu por meio de três sentenças, reproduzidas a seguir.

Primeira lei

Lei da inércia:

"Todo corpo continua em seu estado de repouso ou movimento retilíneo uniforme em uma linha reta, a menos que ele seja forçado a mudar aquele estado por forças imprimidas sobre ele" (Newton, 1990, p. 15).

Segunda lei

Princípio fundamental da dinâmica:

"A mudança de movimento é proporcional à força motora imprimida, e é produzida na direção da linha na qual aquela força é imprimida" (Newton, 1990, p. 16).

Terceira lei

Lei da ação e reação:

"A toda ação há sempre oposta uma reação, ou, as ações mútuas de dois corpos um sobre o outro são sempre iguais e dirigidas a partes opostas" (Newton, 1990, p. 16).

Vale a pena traçarmos algumas observações sobre essas três leis. A lei da inércia é comumente verificada em situações do cotidiano em que há uma interrupção abrupta do movimento. Uma pessoa em um carro tende a continuar seu deslocamento em relação ao chão se o carro frear. O mesmo ocorre em situações de repouso. Por exemplo, na situação ilustrada na Figura 1.4, há uma moeda sobre uma folha de papel; ao removermos rapidamente a folha, a moeda cai na vertical, pois esta tende a permanecer em sua posição, mesmo enquanto a folha de papel se move.

Figura 1.4 – Experimento da moeda no copo: a moeda tende a permanecer em sua posição na horizontal, pois a força atua muito rapidamente sobre o papel

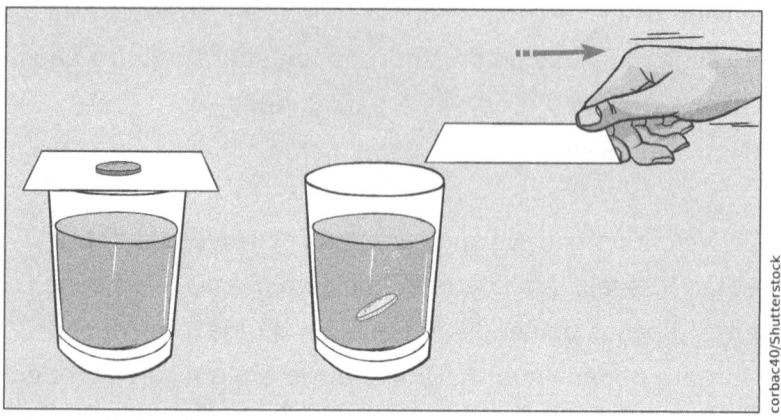

Fonte: Helerbrock, 2020.

No caso da segunda lei, podemos verificá-la quando precisamos arremessar qualquer objeto de um ponto a outro. Por exemplo, imagine que você vai chutar uma bola durante uma partida de futebol. Para fazer um lançamento para um atacante à sua frente, você deve aplicar uma força maior caso ele corra com uma velocidade maior que a do defensor adversário. Observe as duas situações da Figura 1.5 e note que a força está relacionada diretamente à variação da velocidade.

Figura 1.5 – Ilustração de um lançamento em uma partida de futebol: se o atacante B se move em uma velocidade maior que a do defensor A, o lançador necessita de uma força maior para fazer o lançamento para o jogador B do que para fazê-lo para o jogador A

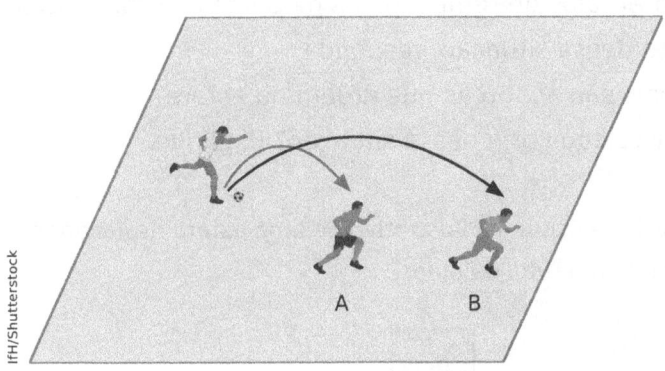

O princípio fundamental da dinâmica tem uma expressão bem conhecida na atualidade, indicada na Equação 1.5.

Equação 1.5

$$\vec{F}_{res} = m\vec{a}$$

Note que, na Equação 1.5, a força ($\vec{F}_{res}$) é um vetor, assim como a aceleração, portanto necessita de informações de direção e sentido para ser completamente compreendida. Outro detalhe importante reside no fato de que $\vec{F}_{res}$ é a força resultante no corpo. Várias forças podem ser observadas atuando em um corpo, mas apenas a resultante será utilizada na obtenção da aceleração.

Simulações

Uma esfera de 5 g cai dentro de um tubo de óleo cuja viscosidade dificulta seu deslocamento. Um estudante de física percebe que essa esfera descreve distâncias iguais em intervalos de tempo iguais na parte central do tubo. Diante dessa situação, responda:

a) Quais são as forças que atuam na esfera?
b) Existe equilíbrio nessa situação? Explique.

Figura 1.6 – Esquema ilustrativo de uma esfera deslocando-se dentro de um tubo de óleo

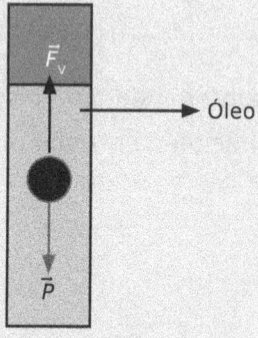

Resolução

a) Com base no enunciado, sabemos que a esfera se desloca com velocidade constante; logo, pela primeira lei de Newton, a força resultante é nula. No entanto, isso não quer dizer que não existem forças atuando no corpo. Sabemos que elas existem pois há a interação gravitacional (a força peso $\vec{P}$) e a força causada pela viscosidade ($\vec{F}_v$), como ilustra a Figura 1.6.

b) Nessa situação, o sistema está em equilíbrio, pois a somatória das forças é nula. Trata-se de um equilíbrio dinâmico.

Após o exemplo apresentado na seção "Simulações", é importante ressaltar que na construção da ideia de movimento de Newton uma entidade muito importante é o momento linear, que consistiria no produto da massa pela velocidade do corpo. Essa grandeza se conservaria para diferentes corpos. Dessa forma, a Equação 1.5 seria expressa, de maneira mais geral, como a Equação 1.6.

Equação 1.6

$$\vec{F}_{res} = \frac{d\vec{p}}{dt}$$

em que:

- $\vec{p} = m\vec{v}$.

Assim, a Equação 1.5 representa o caso particular em que o momento linear $\vec{p}$ tem massa constante. A grandeza momento linear, na ausência de forças externas, mantém-se constante e é fundamental, na construção da mecânica newtoniana, para explicar o movimento perene dos astros.

Boa parte das discussões apresentadas até este momento você conhece de outros campos da física, porém é preciso estar atento para algumas nuances dessa conceituação. Por exemplo, observando a Equação 1.5 e usando a definição de aceleração como variação de velocidade no tempo, podemos ser levados a crer que a primeira lei é um subcaso da segunda lei, compreensão que, contudo, consiste em um erro conceitual primário.

A primeira lei lança as bases da descrição da mecânica newtoniana, que compreende o conceito de referencial inercial. Trata-se de um referencial em que as leis de Newton são válidas. A afirmativa anterior, porém, é uma expressão tautológica e não tem em si mesma significado para a compreensão da natureza. Em outros termos, um referencial inercial pode ser entendido como um sistema de coordenadas no qual não surgem forças que não sejam causadas por interação ou contato.

Até este ponto do livro, não apresentamos os tipos de força, pois um estudante de graduação em Física já está familiarizado com boa parte da mecânica clássica. No entanto, é preciso considerar que existem diferentes forças (de atrito, contato e interação) na descrição de Newton.

Para esclarecermos melhor os referenciais inerciais, talvez seja interessante usarmos como exemplo justamente um caso que não configura um referencial inercial, construindo uma contraposição. Na Seção 1.4, apresentaremos definições mais aprofundadas e alguns casos ilustrativos de ambos os referenciais.

1.4 Referenciais inerciais e não inerciais

Referenciais em que surgem apenas forças originadas de interação ou de contato são denominados *referenciais inerciais*, sendo tais forças chamadas de *forças inerciais*.

Quando um corpo como um trem ou um carro está em movimento, qualquer objeto ou pessoa que esteja dentro ou em cima dele pode sofrer um deslocamento sem que ninguém toque esse segundo corpo. Para isso, basta que o primeiro corpo tenha uma alteração de seu estado de movimento, que pode acontecer por conta de uma freada brusca, uma curva em velocidade constante ou uma aceleração em linha reta. Um exemplo simples desse fenômeno é o caso em que uma bolsa, deixada pela motorista sobre o banco do carona no carro, é arremessada para a frente durante uma freada. Nessa situação, não ocorre contato nem interação, elétrica ou gravitacional, para mudar o objeto de lugar.

Retornemos ao enunciado da primeira lei de Newton:

"Todo corpo continua em seu estado de repouso ou movimento retilíneo uniforme em uma linha reta, a menos que ele seja forçado a mudar aquele estado por forças imprimidas sobre ele" (Newton, 1990, p. 15).

No caso do exemplo da bolsa, a primeira lei de Newton não pode ser aplicada. Essa limitação se estende, ainda, para a situação de um corpo qualquer descrevendo uma trajetória curvilínea ou acelerando em seu movimento.

Dessa forma, um referencial é considerado inercial se a primeira lei de Newton é válida nele. Já um corpo em movimento acelerado, como no caso da bolsa, configura o que denominamos *referencial não inercial*.

Talvez você pergunte: "E o planeta Terra?". Nesse caso, o corpo está em rotação, e movimentos circulares apresentam normalmente uma aceleração causada pela variação da direção vetorial da velocidade (Figura 1.7).

Figura 1.7 – Representação do movimento circular uniforme: apesar de a velocidade escalar não ser alterada,
as velocidades vetoriais nos pontos A e B são diferentes,
bem como os vetores posição

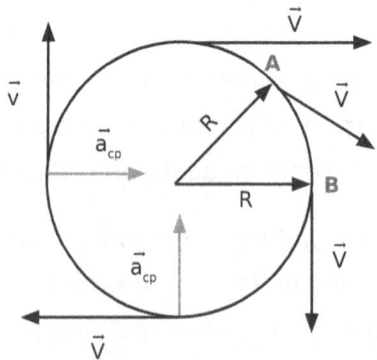

A direção, o sentido e o módulo dessa aceleração, conhecida como *aceleração centrípeta* (acp), podem ser obtidos por associação entre os vetores. Sua expressão pode ser calculada por meio da Equação 1.7.

Equação 1.7

$$|\vec{a}_{cp}| = \frac{v^2}{R}$$

Nos movimentos descritos em que se utiliza a Terra como sistema de referência, é preciso considerar as forças inerciais, porque a Terra em si não é um referencial inercial, pois está em movimento de rotação com uma velocidade angular constante. Isso ocorre pelo fato de realizar uma volta completa (uma variação angular de 2π) ao redor de si mesma durante o dia (período de 24 horas). Porém, essa rotação não interfere em nossas observações sobre as leis de Newton, visto que os valores tanto da aceleração quanto da velocidade angular da rotação da Terra são muito pequenos se comparados aos valores que a aceleração da gravidade na superfície da Terra pode atingir, o que nos permite aceitar um laboratório sobre a Terra como um referencial inercial.

Sistemas de referência em repouso ou em movimento retilíneo e uniforme em relação a um sistema inercial também são inerciais. É o caso do exemplo do barco deslocando-se com velocidade constante, apresentado no início deste capítulo.

Com relação ao exemplo da bolsa sendo arremessada no carro da motorista que freia, cabe questionar: Por que ela foi deslocada? Devemos pensar que esse objeto está sob a ação de uma força inercial. Tal como outras forças conhecidas, a força inercial é proporcional à massa (veremos, no Capítulo 6, que se trata de uma massa específica, chamada de *massa inercial*), porém não corresponde a nenhuma interação entre partículas nem a uma força física. Assim, o que nos faz classificar essa categoria de interações como uma força? Sua dimensão. A força inercial apresenta a mesma dimensão que uma força física em geral, ou seja, seu módulo é obtido pelo produto de uma massa por uma aceleração (discutiremos melhor essa representação matemática na próxima seção). Ela surge em sistemas de referência nos quais as leis de Newton não são válidas.

Neste ponto, temos de retornar à questão de que o movimento pode ser entendido de forma diferente dependendo de quem o observa. As forças inerciais devem sempre ser consideradas quando um movimento é descrito por um observador localizado em um sistema não inercial.

1.4.1 Forças inerciais

Vamos escrever sistemas de equações para diferenciar os sistemas inerciais e não inerciais. Para isso, consideremos dois sistemas de coordenadas. Vamos assumir que o primeiro sistema (S) seja um sistema inercial. Para ele, escrevemos a segunda lei de Newton (Equação 1.8).

Equação 1.8

$$\vec{F} = m\vec{a}$$

No decorrer desta exposição, perceberemos que, em um sistema não inercial, a segunda lei de Newton tem sua forma modificada, sendo, de maneira geral, escrita como a Equação 1.9.

Equação 1.9

$$\vec{F}' + \vec{F}_{in} = m\vec{a}'$$

em que:

- $\vec{a}'$ é a aceleração da partícula no sistema de coordenadas;
- $\vec{F}'$ é a força resultante de interações.

Identificamos na Equação 1.9 um novo termo: $\vec{F}_{in}$, que representa uma nova força (não existente na Equação 1.8), denominada *força inercial*. Alguns autores utilizam a terminologia *forças fictícias*, porque não devem ser classificadas como forças de contato entre corpos (força de atrito, força normal etc.) nem como forças de interação (força elétrica ou força gravitacional). A designação como *força*, nesse caso, deve-se apenas ao fato de sua representação matemática corresponder ao produto de uma massa por uma aceleração.

1.4.2 Sistema acelerado

Consideremos o movimento de um mesmo evento P analisado de dois sistemas (S e S') de coordenadas diferentes. Nessa situação hipotética, o sistema S' está dotado de uma aceleração $\vec{a_0}$ em relação a S, no qual consideramos como válida a Equação 1.8

A relação entre as acelerações (a, para S, e a', para S') dos dois sistemas é expressa conforme a Equação 1.10.

Equação 1.10

$$\vec{a} = \vec{a_0} + \vec{a}'$$

em que:

- $\vec{a_0}$ é a aceleração do sistema acelerado em relação ao referencial inercial.

Assim, é possível escrever a Equação 1.11 e, para calcular a força inercial no sistema acelerado, a Equação 1.12.

Equação 1.11

$$m\vec{a}' = \vec{F} - m\vec{a_0}$$

Equação 1.12

$$\vec{F}_{in} = -m\vec{a_0}$$

Figura 1.8 – Dois sistemas de referência (S e S'): o sistema S' desloca-se com aceleração a' em relação a S

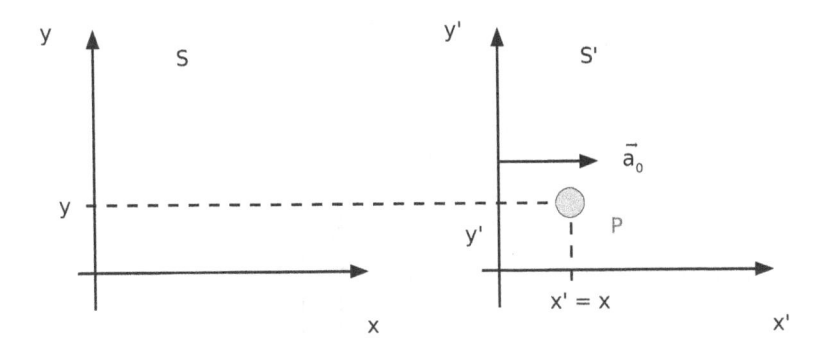

1.4.3 Força centrífuga

Um carro com dois passageiros começa a fazer uma curva como indica a Figura 1.9. No ponto A, o motorista não sente nada, mas, em B, ele sente que está sendo jogado para fora da curva, como se saísse dela. Essa sensação de ser arremessado para fora é conhecida como *força centrífuga*, a qual surge ao longo de trajetórias não retilíneas.

Em muitos livros didáticos, enfatiza-se que esse tipo de força não existe. Neste texto, ela será caracterizada como uma força inercial.

Figura 1.9 – Carro fazendo uma curva

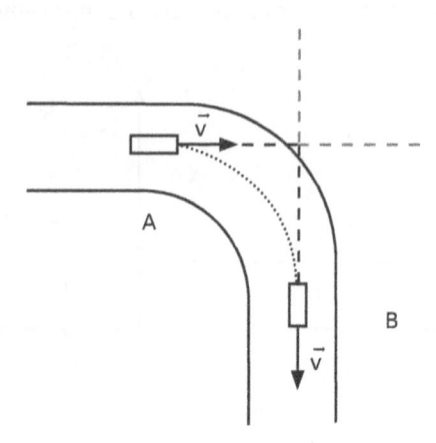

Sempre pensando que a força centrífuga só é sentida pelo indivíduo posicionado no referencial que está mudando sua trajetória, podemos indicar que ela tem as seguintes características:

- A **direção** é perpendicular à curva pelo ponto em que está o objeto. Trata-se de uma característica de força radial, pois o raio corresponde à reta sempre perpendicular a qualquer ponto do segmento da circunferência.
- O **sentido** da força centrífuga é o da "saída do centro" (para fora).
- O **módulo** da força centrífuga é obtido pela Equação 1.13.

Equação 1.13

$$\left|\vec{F}_c\right| = \frac{mv^2}{R}$$

em que:

- v é a velocidade escalar do corpo no ponto A: R é o raio da circunferência descrita na trajetória pelo ponto B.

Equação 1.14

$$\left|\vec{v}\right| = \omega R$$

em que:

- ω é a velocidade angular.

Considerando que R é a distância do objeto até o centro, podemos então escrever a Equação 1.15.

Equação 1.15

$$\frac{mv^2}{R} = m\omega^2 R$$

Simulações

Consideremos o movimento de um objeto de massa m que oscila como um pêndulo sob o teto de um caminhão que faz a curva descrita na Figura 1.9. Esse objeto está preso ao teto do caminhão por um fio que faz um ângulo θ com a vertical, como ilustrado na Figura 1.10. Determine a direção em que a curva está sendo realizada.

Figura 1.10 – Ilustração de caminhão com pêndulo pendurado no teto

Resolução

Para a resolução dessa questão, vamos considerar o movimento desse objeto descrito por dois observadores, um localizado sobre o solo, em repouso (sistema S), e outro localizado dentro do caminhão (sistema S').

O observador que está dentro do caminhão vê as forças indicadas na Figura 1.11.

Figura 1.11 – Representação das forças no pêndulo

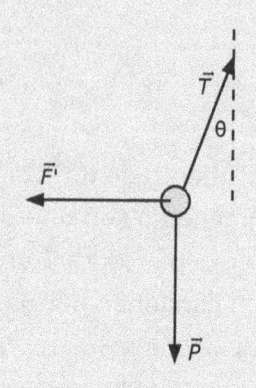

Já o observador que está no solo verifica a mesma aceleração ($\vec{a}_c$) atuando na horizontal e orientada para o centro da curvatura:

$$m\vec{a}_c = -\vec{F}'$$

Assim, inferimos que o motorista está realizando a curva para a sua esquerda e o pêndulo é lançado para a direita. Nesse caso, a magnitude de $\vec{F}'$ será proporcional à aceleração centrípeta:

$$|\vec{F}'| = m\frac{v^2}{R}$$

em que:

- $\vec{v}$ é a velocidade do caminhão;
- e R é o raio da curva.

Essa discussão sobre referenciais inerciais e não inerciais foi apresentada com o objetivo de detalhar particularidades da primeira lei de Newton, que trata da inércia dos corpos. Agora, questionamos: Do ponto de vista da relatividade dos movimentos, qual é a importância desses referenciais? A resposta para essa indagação passa por dois aspectos: (1) os referenciais inerciais não são especiais para a solução de problemas de dinâmica e são invariantes pelo movimento de translação à velocidade constante (tudo o que acontece em um referencial imóvel ocorre também em um referencial em movimento retilíneo e uniforme); (2) nessa construção, o tempo e o espaço correspondem a grandezas absolutas que, por definição, são o "palco" da ocorrência dos fenômenos da natureza.

Retomaremos essas questões na sequência, ao descrevermos o movimento entre dois referenciais e os relacionarmos entre si por meio das transformações de Galileu.

1.5 Transformações de Galileu

Nesta seção, vamos deduzir as transformações de Galileu, válidas para sistemas em movimento uniforme, ou seja, com velocidade constante.

Figura 1.12 – Representação de dois sistemas de referência deslocando-se com velocidade constante

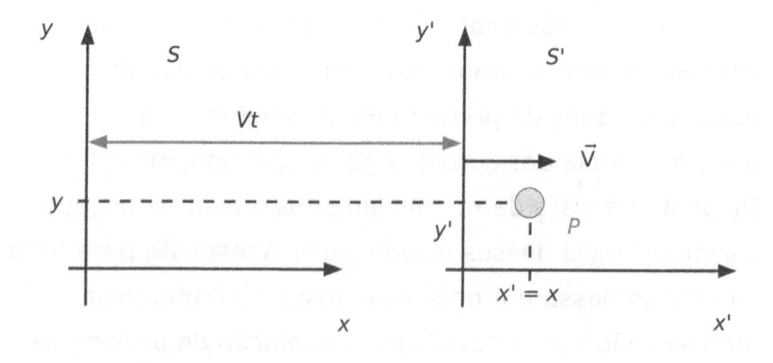

Com base na Figura 1.12, podemos associar a posição x' no referencial S' com a posição x no referencial S apenas pela soma do deslocamento causado pela velocidade do referencial S'. Assim, obtemos as Equações 1.16, 1.17, 1.18 e 1.19.

Equação 1.16

$$x' = x - Vt$$

Equação 1.17

$$y' = y$$

Equação 1.18

$$z' = z$$

Equação 1.19

$$t' = t$$

Nessa situação, definimos que o tempo se propaga da mesma maneira em S e S', algo bastante intuitivo. O sistema que compreende as Equações de 1.16 até 1.19 é conhecido como *transformações de Galileu*.

Imagine que no referencial S' a partícula P se desloca. A velocidade v, observada no referencial S, e a v', observada no referencial S', serão diferentes. As transformações de Galileu permitem a associação entre essas duas velocidades, bastando que se diferenciem as Equações de 1.16 a 1.19, conforme as Equações 1.20, 1.21 e 1.22.

Equação 1.20

$$v' = \frac{dx'}{dt} = \frac{dx}{dt} - V \Rightarrow v' = v - V$$

Equação 1.21

$$v'_y = v_y$$

Equação 1.22

$$v'_z = v_z$$

Com esse desenvolvimento, concluímos que as velocidades sofrem uma soma vetorial, resultado totalmente condizente com a experiência diária. Por exemplo, se alguém anda por um trem em movimento com velocidade constante, para um observador parado em uma estação, sua velocidade é maior do que a dos passageiros que estão sentados.

Simulações

Um trem desloca-se a uma velocidade de 20 m/s. Em seu interior, um cão desesperado procura seu tutor. A princípio, o animal move-se em direção à cabine do maquinista a uma velocidade de 0,5 m/s com relação ao trem. No entanto, durante este percurso, ele é chamado por seu tutor, que o encontrou e está a um vagão mais distante da cabine do que o animal.

Nesse mesmo instante, o obediente cachorro retorna, com a mesma velocidade, em direção a seu tutor. Diante dessa situação, responda:

a) Qual é a velocidade do cão em relação ao chão, caso seja medida por um observador que se encontra fora do trem, no momento em que o animal se desloca para a cabine?

b) Qual é a velocidade do cão em relação ao trem, caso seja medida por seu tutor, no momento de seu retorno?

c) Qual é a velocidade do cão em relação ao chão, caso seja medida pelo observador que está fora do trem, no momento que vai ao encontro de seu tutor?

Resolução

Nessa situação, o observador que se encontra fora do trem vê o cão deslocando-se com uma velocidade maior, porque a velocidade do animal se soma à do veículo, resultando em 20,5 m/s.

No caso do item "b", o tutor vê seu cão aproximando-se e o trem está imóvel. Desse modo, o sentido do animal é contrário ao do trem – já que ele se afasta da cabine do maquinista –, ou seja, sua velocidade é –0,5 m/s.

Na resolução da questão do item "c", o observador que está fora do trem vê o cão andando com uma velocidade contrária à do veículo; logo, a velocidade do animal equivale a 19,5 m/s.

Agora, vamos diferenciar o sistema de Equações de 1.23 a 1.25 para escrever o que ocorre com a aceleração.

Facilmente encontramos os resultados expressos nas Equações 1.23, 1.24 e 1.25.

Equação 1.23

$$a' = \frac{dv'}{dt} = \frac{d(v'-V)}{dt} \Rightarrow \frac{dv'}{dt} = \frac{dv}{dt} \Rightarrow a' = a$$

Equação 1.24

$$a'_y = a_y$$

Equação 1.25

$$a'_z = a_z$$

Note que, nessa situação, a aceleração é a mesma tanto no sistema em movimento quanto no sistema em repouso. Não surgem acelerações causadas pelo movimento, exatamente conforme Galileu e Giordano Bruno descreveram: dentro de um barco, tudo funciona como se o marinheiro estivesse em terra firme. Com isso, podemos pensar que não existem referenciais que sejam melhores do que outros, se ambos se deslocam com velocidade constante, pois, fisicamente, todos são idênticos. Essa é uma das características dos referenciais inerciais.

Realizando o mesmo procedimento feito para obter o sistema das Equações de 1.23 a 1.25, mas em um referencial que se desloca de forma acelerada, para verificar se as transformações de Galileu descrevem as forças inerciais, teremos o desenvolvimento apresentado na Equação 1.26.

Equação 1.26

$$x' = x - \frac{a_0 t^2}{2} \Rightarrow v' = v - a_0 t \Rightarrow a' = a - a_0$$

No caso, utilizamos apenas a Equação 1.26, pois, nesta, o sistema desloca-se ao longo apenas do eixo x. Observe que ela introduz um termo novo. A aceleração sentida por um corpo no sistema de referência S (normalmente originária de uma força) é alterada pela aceleração do próprio sistema de referência, chegando-se à Equação 1.11.

Força nuclear forte

Antes de sumarizarmos o que foi discutido neste capítulo, é importante realizarmos uma digressão sobre a interpretação cotidiana de algumas leis de Newton no senso comum. Muitas vezes, a lei da ação e reação é entendida como uma prova de que tudo na natureza consiste em um encadeamento de fenômenos com causas e efeitos, de tal modo que a todo evento corresponde uma ação que o gerou. Essa visão se estende inclusive para as relações sociais e recebe, até mesmo, interpretações religiosas. No entanto, tal apropriação semântica desse conceito em discursos diferentes requer muita cautela, principalmente pelo fato de que a lei da ação e reação de Newton resulta do princípio de conservação do momento linear.

Essa curta digressão é importante porque, como discutimos no início deste capítulo, os resultados da física não devem ser usados de maneira contraditória em relação à sua construção teórica. Assim como a teoria da relatividade não é uma comprovação de que "tudo é relativo e não existem absolutos", a lei da ação e reação não é uma comprovação experimental de que toda ação realizada socialmente por uma pessoa retorna de forma semelhante. Apesar de ser muito reconfortante e, em certo sentido, uma ótima ferramenta moral, essa afirmação não pode ser comprovada por meio do aparato conceitual da física. Muitos estudiosos da área de ensino de ciências e da epistemologia da ciência se questionam se a construção das leis da dinâmica newtoniana não se baseou em princípios morais, religiosos e filosóficos. Essa discussão, contudo, pertence à metafísica e não faz parte do escopo de nossa análise no momento.

Conhecimento quântico

Para uma explicação mais aprofundada sobre as leis de Newton, recomendamos a leitura do primeiro volume do *Curso de física básica*, do professor Herch Moysés Nussenzveig.

NUSSENZVEIG, H. M. **Curso de física básica**. São Paulo: E. Blücher, 2002. v. 1: Mecânica.

Radiação residual

- A relatividade do movimento é uma área de questionamento da ciência desde a Idade Antiga.
- Os movimentos dos objetos não são propriedades intrínsecas a estes, e sim dependentes de quem os observa.
- A melhor descrição das forças que atuam em um corpo depende do referencial em que ele está localizado.
- As leis de Newton são válidas apenas para referenciais inerciais.
- Referenciais inerciais são aqueles em que surgem forças originárias apenas de interações ou contatos entre corpos.
- Na mecânica clássica, o sistema de equações que relaciona posições entre dois sistemas de referência distintos é denominado *transformações de Galileu*.

Testes quânticos

1) Uma discussão bastante antiga sobre a existência ou não do tempo é ilustrada pelos paradoxos de Zenão. Em um deles, Aquiles, um herói grego muito veloz, disputa uma corrida com uma tartaruga. Sabendo de sua superioridade, Aquiles espera o animal andar uma distância X antes de sair da largada. Além disso, os dois combinam que ele deve sempre andar, em sua próxima passada, metade da distância percorrida pela

tartaruga na anterior. Interpretando essa fábula à luz dos conceitos da física, analise as afirmativas a seguir e assinale V para as verdadeiras e F para as falsas:

( ) Na fábula, Aquiles jamais alcança a tartaruga pois sempre falta a outra metade de sua passada.

( ) Na fábula, acredita-se que Aquiles é mais lento do que a tartaruga.

( ) Como no cotidiano, sabemos que qualquer ser humano alcança e ultrapassa uma tartaruga, sendo possível concluir que há um conflito (paradoxo) em relação a uma das premissas da definição de *movimento*.

( ) Se o movimento é descrito pela razão entre o espaço e o tempo, podemos medir o primeiro, de modo que sempre mediremos o segundo por comparação. No raciocínio de Zenão, essa relação no contexto da fábula levanta a possibilidade de que o tempo não exista.

( ) O paradoxo ocorre pois se consideram, na fábula, Aquiles e a tartaruga como corpos extensos.

Agora, assinale a alternativa que apresenta a sequência obtida:

a) V, F, V, V, F.
b) F, F, V, V, V.
c) V, V, F, V, V.
d) V, F, F, V, V.
e) F, F, V, F, F.

2) Um garoto viaja de trem e observa atentamente uma menina que, no banco da frente, brinca, distraidamente, com um ioiô. O banco dela está orientado no mesmo sentido que o movimento do trem. Diante da cena, o menino pergunta para sua mãe se é possível que o movimento do brinquedo indique se o trem está chegando ou saindo de uma estação. Qual das alternativas a seguir representa a resposta correta para a mãe?

   a) É impossível determinar o estado de movimento do trem pelo movimento do ioiô.
   b) É possível determinar se o trem está chegando a uma estação, caso o ioiô cesse seu movimento, ou saindo, caso o movimento do brinquedo se acelere.
   c) É possível determinar se o trem está chegando ou saindo da estação, caso o movimento da linha vertical se incline, de acordo com a inclinação apresentada.
   d) É possível determinar apenas se o trem está saindo da estação, mas não se está chegando.
   e) É possível determinar apenas se o trem está chegando à estação, mas não se está saindo.

3) Uma escada rolante de comprimento L conecta dois andares de uma loja separados por uma altura h, descrevendo um movimento ascendente com uma velocidade v. Sabemos que a potência mecânica P de um corpo sujeito a uma força constante F

e desenvolvendo uma velocidade v é dada por
$P = F \cdot v$. Assim, imagine que um homem de massa m, chegando à metade da escada, põe-se a descê-la, de forma a permanecer sempre no meio. Considere as seguintes afirmações:

I) Nessa situação, o motor não realiza trabalho pois a potência é nula, já que a velocidade do homem é nula.

II) Nessa situação, o homem realiza trabalho mesmo estando com velocidade nula.

III) Essa é uma situação relativística, pois, para um observador fora da escada, a potência dissipada é nula, mas o motor realiza trabalho.

Agora, assinale a alternativa que apresenta a(s) afirmativa(s) correta(s):

a) Somente I.
b) Somente II.
c) Somente III.
d) I e II.
e) I e III.

4) Uma carga de massa m = 1 kg está amarrada, sobre a caçamba de um caminhão, por uma cinta que funciona como uma mola com constante k = 25 N/m. A carga é capaz de deslizar, com atrito desprezável, sobre o veículo. Inicialmente, a cinta está relaxada e o caminhão é acelerado, a partir do repouso, com aceleração constante $\vec{A}$, sendo $|\vec{A}| = 2{,}5\,m/s^2$.

Nesse caso, qual é a amplitude de oscilação do sistema massa-cinta?

a) 0,5 m
b) 0,1 m
c) 0,2 m
d) 0,3 m
e) zero (massa não oscila)

5) Em um prédio, um homem usa um carrinho hidráulico manual para deslocar uma carga de massa de 100 kg. No carrinho, há uma balança com molas bem precisas para conferir se o limite máximo de carga não é ultrapassado. O homem entra com o carrinho em um elevador e, durante o trajeto até o 14º andar, ele verifica uma leitura de 85 kg. A seguir, assinale a alternativa que detalha corretamente se o elevador partiu do térreo ou do 16º andar, se está acelerando ou freando e que indica qual é o valor, em módulo, da aceleração (unidade m/s^2). Considere a aceleração da gravidade como 10 m/s^2.

a) Se o elevador partiu do térreo, ele está freando; se partiu do 16º andar, está acelerando; em ambas as situações, a aceleração é de 1,5 m/s^2.

b) Se o elevador partiu do térreo, ele está acelerando; se partiu do 16º andar, está freando; em ambas as situações, a aceleração é de 1,5 m/s^2.

c) Se o elevador partiu do térreo, ele está freando; se partiu do 16º andar, está acelerando; em ambas as situações, a aceleração é de 1,75 m/s^2.

d) Se o elevador partiu do térreo ele está acelerando; se partiu do 16º andar, está freando; em ambas as situações, a aceleração é de 1,75 m/s².
e) Não é possível determinar essa situação.

Interações teóricas

Computações quânticas

1) Um clássico problema em física básica é ilustrado pela seguinte narrativa:

> Um biólogo, estudioso de animais e preocupado com o bem deles, mira em um macaco que está pendurado pelas garras em um galho. No momento em que ele atira seu dardo tranquilizante, o macaco se assusta e solta o galho.

Considerando essa situação, responda:

a) O dardo atinge o macaco?
b) Qual é a trajetória do dardo acompanhada por um observador externo?
c) Qual é a forma assumida pela trajetória no referencial do macaco?
d) Quanto tempo leva para o dardo atingir o macaco?

2) Observe o círculo que descreve a trajetória do movimento circular uniforme na Figura 1.7, apresentada na Seção 1.4.

   a) Usando a semelhança de triângulos entre os vetores posição na trajetória (raio $\vec{R}$), demonstre a existência de uma aceleração ($\vec{a}_c$) com sentido para o centro do círculo e intensidade $|\vec{a}_c| = \dfrac{v^2}{R}$ na direção do vetor $\vec{R}$.

   b) Considerando uma situação na qual a velocidade angular do corpo que descreve a trajetória aumente linearmente no tempo a uma taxa α, demonstre que a aceleração total ($\vec{a}_T$) à qual esse corpo está submetido apresenta a magnitude $|\vec{a}_T| = \sqrt{|\vec{a}_c|^2 + |\alpha R|^2}$

3) Observe a situação representada na Figura 1.10. Demonstre que a velocidade (v) do caminhão ilustrado pode ser obtida por $v = \sqrt{gR\,\text{tg}(\theta)}$, em que R é o raio da curva.

4) Como ilustração do princípio da relatividade na mecânica clássica, considere a seguinte colisão genérica:

Em um sistema inercial S, a partícula A (massa m_A, velocidade u_A) choca-se com a partícula B (massa m_B, velocidade u_B). Durante a colisão, alguma massa de A é transferida a B, e ressurgem duas outras partículas:

C (massa m_C, velocidade u_C) e D (massa m_D, velocidade u_D). Suponha que o momento linear total é conservado em S.

a) Prove que o momento também se conserva no referencial $\bar{S}$, que se move com velocidade v relativa a S. (Dica: use a regra de adição de velocidades de Galileu. Qual deve ser a suposição sobre as massas?)

b) Supondo que a colisão é elástica em S, mostre que esta também é elástica em $\bar{S}$.

Relatório do experimento

1) Realize uma pesquisa histórica sobre a ciência no final do século XIX e procure descobrir quais eram os conceitos de absoluto nas seguintes áreas do saber: psicologia, biologia e física. Discuta como a psicanálise, a teoria da evolução das espécies e a teoria da relatividade se constituíram em marcos na história das ideias. Em seguida, elabore um quadro que resuma as semelhanças e as diferenças entre esses três campos do conhecimento.

O conflito entre o eletromagnetismo e a relatividade de Galileu

2

Primeiras emissões

Neste capítulo, discutiremos o conflito teórico entre a formulação da mecânica e o eletromagnetismo que levou à formulação moderna da teoria da relatividade. A princípio, examinaremos um dos problemas mais difíceis do século XIX: a unificação da eletricidade, do magnetismo e da óptica.

2.1 O eletromagnetismo: um desafio para a mecânica

A história do magnetismo é marcada por diversos pesquisadores que muito contribuíram para o avanço desse campo da física. Destacaremos os trabalhos de Alessandro Volta (1745-1827) e Luigi Galvani (1737-1789) sobre a origem da eletricidade, os quais foram complementados pelos estudos de Hans Ørsted (1777-1851) a propósito das correntes elétricas que criam campos magnéticos. A opção por esses nomes se justifica pelo objetivo de demonstrar as contradições e os questionamentos que surgiram no decorrer do tempo, pois a construção do conhecimento científico não é um processo linear. Citar e organizar essa história é uma escolha realizada por quem a escreve, como explica Patricia Fara (2014, p. 45):

> Escrever uma história não é apenas juntar os fatos corretos e colocar os eventos na ordem certa: também envolve reinterpretar o passado – redesenhar o mundo –,

fazendo escolhas sobre personagens e assuntos a serem mencionados. Nos livros tradicionais sobre o passado da ciência, os cientistas geralmente são celebrados como gênios, acima das pessoas comuns. Como corredores olímpicos dominados por uma insaciável sede de saber, eles passam o bastão da verdade abstrata, de uma grande inteligência para outra, sem serem corrompidos por preocupações mundanas. Por meio de experimentações meticulosas, raciocínio lógico e, às vezes, um lampejo de inspiração, eles desvendam os segredos da natureza para revelar a verdade absoluta

Volta e Galvani perceberam que materiais diferentes, ao entrarem em contato em meios aquosos, geravam uma "força" especial que poderia atrair outros materiais ou causar certo desconforto nas pessoas que os tocassem. Volta nutria especial interesse por esse último aspecto, porque, como médico, ele procurava entender os efeitos terapêuticos da eletricidade. Os dois cientistas observaram que tanto o desconforto quanto as intensidades da atração dos materiais e dos instrumentos para medida de cargas elétricas de Leyden aumentavam conforme mais pares de materiais eram associados. Essa associação de pares foi denominada *pilha elétrica*.

Os materiais propícios para a construção de pilhas elétricas eram metais com algumas características específicas, porém não nos aprofundaremos nessa discussão. Nesse fato histórico, nosso interesse volta-se para a introdução a um conceito muito importante na teoria eletromagnética: a carga elétrica.

📖 Conhecimento quântico

Para um maior aprofundamento nas questões relativas às pilhas elétricas, recomendamos a leitura do seguinte material:

GRIFFITHS, D. J. **Eletrodinâmica**. Tradução de Heloisa Coimbra de Souza. 3. ed. São Paulo: Pearson, 2011.

Embora seja relativamente moderno, o conceito de carga elétrica remete ao período de Volta e Galvani, no qual se teorizou a existência de duas "substâncias" que regiam as interações elétricas (um dos principais teóricos dessa questão foi Benjamin Franklin – 1706-1790): a carga negativa e a positiva. Naquele momento, tudo indicava que as pilhas elétricas eram portadoras dessas cargas e, o que era mais interessante para os cientistas, permitiam que uma quantidade delas fluísse de um corpo para outro, propiciando a realização de diversas atividades, inclusive de trabalho mecânico.

Nesse contexto, um fenômeno muito importante era a corrente elétrica, conceituada como o movimento das cargas elétricas de um corpo para outro, por exemplo, de uma pilha galvânica para um paciente ou um fio aquecedor. O trabalho de Ørsted procurava justamente responder à seguinte questão: "Qual relação existe entre a corrente elétrica e os fenômenos magnéticos?".

Precisamos observar que o magnetismo foi, durante muitos anos, descrito de maneira totalmente separada dos fenômenos elétricos. William Gilbert (1540-1603), por exemplo, descreveu o magnetismo da Terra e várias associações de ímãs sem citar nenhuma noção de eletricidade. Øersted idealizou o experimento ilustrado na Figura 2.1 e percebeu que, quando a corrente elétrica percorria o circuito elétrico, ocorria uma mudança na orientação da agulha da bússola, ou seja, um fenômeno totalmente magnético era influenciado por um elétrico.

Figura 2.1 – Esquema do experimento de Øersted

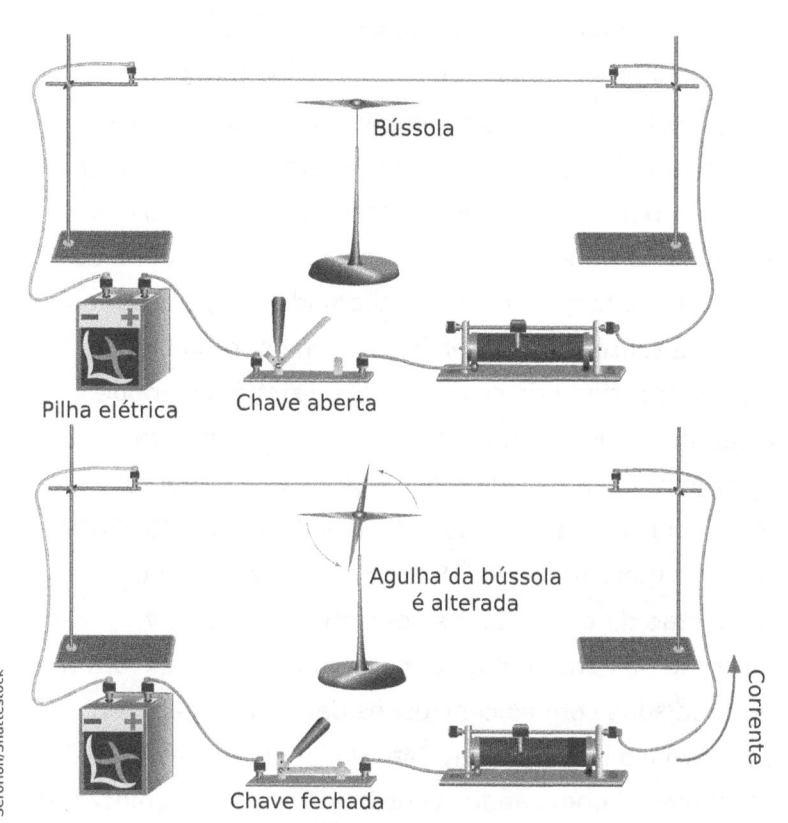

Podemos notar outra característica interessante em toda essa formulação. Como pontuamos, a corrente elétrica pode ser compreendida como o movimento das cargas elétricas, de modo que retornamos à questão da influência do movimento – nesse caso, das cargas elétricas – em nossa percepção da realidade. Perceba que nos referimos à formulação teórica, pois os fenômenos elétricos compõem a parte mais abstrata da física, em que as explicações de muitos efeitos não apresentam evidências visuais claras.

No início do século XIX, sabia-se que a presença de carga elétrica em uma região do espaço podia indicar a intensidade de uma força. Essa região do espaço era descrita por meio do que foi denominado *campo elétrico*. Da mesma maneira, podemos descrever os fenômenos magnéticos com o auxílio do chamado *campo magnético*.

Essa teorização foi realizada com os trabalhos de uma outra tríade de cientistas que também compõe o caminho que estamos traçando para possibilitar a compreensão da teoria da relatividade moderna: Heinrich Lenz (1804-1865), Michael Faraday (1791-1867) e James Clerk Maxwell (1831-1879). Lenz estudou a questão da produção de corrente elétrica pela variação do campo magnético, e suas pesquisas foram enriquecidas com as conclusões da física experimental desenvolvida por Faraday. Maxwell, por sua vez, foi responsável por grandes contribuições para a unificação do eletromagnetismo.

A partir deste ponto, vamos apresentar uma abordagem formal das descrições realizadas por esses cientistas no final do século XIX. Maxwell reuniu os enunciados de diversas leis obtidas por pesquisadores renomados e representou-as em duas formulações matemáticas, a integral e a diferencial. Utilizaremos a formulação diferencial por razões que ficarão mais evidentes ao longo deste livro.

Equação 2.1

Lei de Gauss da eletricidade

$$\vec{\nabla} \cdot \vec{E} = \frac{\rho}{\varepsilon_0}$$

Equação 2.2

Lei de Gauss do magnetismo

$$\vec{\nabla} \cdot \vec{B} = 0$$

Equação 2.3

Lei de Faraday

$$\vec{\nabla} \cdot \vec{E} = \frac{-\partial \vec{B}}{\partial t}$$

Equação 2.4

Lei de Ampère

$$\vec{\nabla} \cdot \vec{B} = \mu_0 \varepsilon_0 \frac{\partial \vec{E}}{\partial t} + \mu_0 \vec{J}$$

em que:

- ε_0 é a constante de permissividade elétrica do vácuo e μ_0 é a constante de permeabilidade magnética do vácuo;
- os campos magnético e elétrico $\vec{B}$ e $\vec{E}$ estão relacionados entre si nas Equações 2.3 e 2.4;
- $\vec{J}$ é o vetor densidade de corrente elétrica, que indica a quantidade de corrente elétrica por unidade de área orientada.

As duas primeiras leis recebem o nome de *leis de Gauss* porque foi o famoso matemático alemão Carl Friedrich Gauss (1777-1855) que as sintetizou matematicamente. Contudo, a lei representada na Equação 2.1 está relacionada com a lei de Coulomb e a expressa na Equação 2.2, com uma interessante propriedade dos ímãs: a indissociabilidade dos polos magnéticos. Ambas foram descritas dessa forma por conta do teorema da divergência de Gauss, que leva a essas conclusões.

Força nuclear forte

Lei de Coulomb: relaciona a força elétrica à qual uma carga de prova q está submetida com o campo elétrico gerado por uma carga Q com $\vec{F} = \dfrac{kqQ}{\vec{r}}\hat{r}$, em que k é a constante de Coulomb, relacionada com ε_0. Como exercício, sugerimos que você tente obter a Equação 2.1 a partir da lei de Coulomb.

Conhecimento quântico

A inexistência de um monopolo magnético é uma profunda discussão teórica na física. Para conhecer mais sobre a questão, sugerimos a leitura dos artigos referenciados a seguir.

SCHÖNBERG, M. Sobre a existência de monopolos magnéticos. **Estudos Avançados** – São Paulo, v. 16, n. 44, p. 219-223, jan./abr. 2002. Disponível em: <https://www.scielo.br/scielo.php?script=sci_arttext&pid=S0103-40142002000100013>. Acesso em: 24 set. 2020.

ZIEBELL, L. E se os monopolos magnéticos forem confirmados, o que aconteceria com a Física? **Pergunte ao CREF – Centro de Referência para o Ensino de Física**, 16 fev. 2014. Disponível em: <https://www.if.ufrgs.br/novocref/?contact-pergunta=e-se-os-monopolos-magneticos-forem-confirmados-o-que-aconteceria-com-a-fisica>. Acesso em: 24 set. 2020.

As duas leis seguintes (Equações 2.3 e 2.4) recebem nomes de pesquisadores que estudaram as relações entre eletricidade e magnetismo. A lei de Faraday origina-se do fato de a variação do fluxo magnético que passa por uma superfície delimitada por um condutor gerar neste uma corrente com um sentido capaz de produzir um campo magnético que tente impedir a variação do fluxo (eis a razão do sinal negativo). Nessa situação, a variação do campo gera a corrente elétrica. Já a lei de Ampère relaciona a intensidade de um campo magnético ao redor de um fio condutor percorrido por uma corrente, situação em que a corrente gera o campo magnético.

Se considerarmos o caso dos campos elétricos e magnéticos que se formam no vácuo, na ausência de carga elétrica, o sistema de equações pode ser reescrito na forma das Equações 2.5, 2.6, 2.7 e 2.8.

Equação 2.5

$$\vec{\nabla} \cdot \vec{E} = 0$$

Equação 2.6

$$\vec{\nabla} \cdot \vec{B} = 0$$

Equação 2.7

$$\vec{\nabla} \cdot \vec{E} = \frac{-\partial \vec{B}}{\partial t}$$

Equação 2.8

$$\vec{\nabla} \cdot \vec{B} = \mu_0 \varepsilon_0 \frac{\partial \vec{E}}{\partial t}$$

Essas modificações nas equações ocorrem pois, no caso de vácuo, não há densidade de carga elétrica nem de corrente elétrica. Pensemos como é possível descrever a relação entre os dois campos vetoriais. Podemos utilizar uma representação bidimensional dos campos (Nussenzveig, 1997) ou uma representação tridimensional, mas é necessário, também, mobilizar alguns conhecimentos de cálculo vetorial.

Conhecimento quântico

Na sequência, trabalharemos com noções de cálculo vetorial. Caso você encontre dificuldades para acompanhar o desenvolvimento proposto, sugerimos a consulta à seguinte referência:

LEITHOLD, L. **Cálculo com geometria analítica**. Tradução de Cyro de Carvalho Patarra. São Paulo: Harbra, 1994. v. 2.

Começaremos por uma propriedade fundamental do rotacional ao ser aplicado duas vezes em um campo vetorial $\vec{F}$ (Equação 2.9).

Equação 2.9

$$\vec{\nabla} \cdot \vec{\nabla} \cdot \vec{F} = \vec{\nabla}(\vec{\nabla} \cdot \vec{F}) - \nabla^2 \vec{F}$$

Aplicando essa propriedade da Equação 2.9 na Equação 2.7 e lembrando que o divergente do campo elétrico é nulo no vácuo (lei de Gauss da eletricidade), chegamos à Equação 2.10.

Equação 2.10

$$-\nabla^2 \vec{E} = \frac{-\partial(\vec{\nabla} \cdot \vec{B})}{\partial t}$$

Usando a lei de Ampère (Equação 2.8), obtemos a Equação 2.11 para o campo elétrico.

Equação 2.11

$$\nabla^2 \vec{E} = \mu_0 \varepsilon_0 \frac{\partial^2 \vec{E}}{\partial t^2} \Rightarrow \nabla^2 \vec{E} - \mu_0 \varepsilon_0 \frac{\partial^2 \vec{E}}{\partial t^2} = 0$$

A Equação 2.11 assemelha-se muito à famosa expressão de d'Alembert, que relaciona a aceleração à qual um elemento de corda é submetido durante a passagem de um pulso mecânico (Equação 2.12).

Equação 2.12

$$\frac{\partial^2 u(x,t)}{\partial x^2} - \frac{1}{v^2} \frac{\partial^2 u(x,t)}{\partial t^2} = 0$$

A Equação 2.12 é uma equação diferencial parcial ordinária de segunda ordem, cuja solução u(x, t) corresponde ao deslocamento da posição de equilíbrio de uma corda homogênea unidimensional de densidade linear ρ submetida à tensão τ. A função u(x, t) consiste em uma função de duas variáveis, e o parâmetro v, a velocidade de propagação do deslocamento no decorrer da onda, é calculado pela Equação 2.13.

Equação 2.13

$$v = \sqrt{\frac{\tau}{\rho}}$$

As Equações 2.11 e 2.12 são semelhantes, mas suas soluções não são iguais. A solução de 2.11 configura um campo vetorial tridimensional dependente do tempo, enquanto u(x, t) é uma função unidimensional também dependente do tempo. Analisaremos a Equação 2.12 para facilitar nossa observação, contudo é fundamental ter em mente essa diferença entre as soluções, uma vez que se trata de problemas distintos.

A solução geral para a Equação 2.12 é a famosa expressão das cordas vibrantes, expressa pela Equação 2.14.

Equação 2.14

$$u(x, t) = A(x - vt) + B(x + vt)$$

em que:

- *A* e *B* são funções características do problema geral, sendo *A* uma onda que se propaga da direita para a esquerda e *B* uma onda que se propaga da esquerda para a direita.

Simulações

Demonstre que a Equação 2.14 é solução da Equação 2.12 com *A* cosseno e *B* seno, u(x, t) = cos (x − vt) + sen (x + vt).

Resolução

Para demonstrar que uma função ou expressão é solução de uma equação diferencial, basta substituir a função na equação e verificar se obtemos uma igualdade coerente. Vejamos:

$$\frac{\partial u(x,t)}{\partial t} = -\left[-v\operatorname{sen}(x-vt)\right] + \left[v\cos(x+vt)\right] \Rightarrow$$

$$\Rightarrow \frac{\partial^2 u(x,t)}{\partial t^2} = -v^2 \cos(x-vt) - v^2 \operatorname{sen}(x+vt) \Rightarrow$$

$$\Rightarrow \frac{\partial^2 u(x,t)}{\partial t^2} = -v^2 u(x,t)$$

Fazendo a derivação no espaço, encontramos:

$$\frac{\partial u(x, t)}{\partial x} = -\left[sen(x - vt)\right] + \left[cos(x + vt)\right] \Rightarrow$$

$$\Rightarrow \frac{\partial^2 u(x, t)}{\partial x^2} = -cos(x - vt) - sen(x + vt) \Rightarrow$$

$$\Rightarrow \frac{\partial^2 u(x, t)}{\partial x^2} = -u(x, t)$$

Assim, facilmente verificamos que a soma das funções seno e cosseno é solução da Equação 2.12, pois resulta em uma igualdade evidente.

No caso da Equação 2.11, a solução geral será um campo vetorial tridimensional dependente do tempo. Podemos reescrevê-la como a Equação 2.15, a seguir.

Equação 2.15

$$\nabla^2 \vec{E} - \frac{1}{c^2} \frac{\partial^2 \vec{E}}{\partial t^2} = 0$$

Dessa forma, a constante c corresponde à velocidade de propagação do campo vetorial $\vec{E}$, nesse caso, o campo elétrico no espaço. Nos exercícios, você terá aoportunidade de verificar que, para o campo magnético $\vec{B}$, o resultado é análogo.

Os valores das constante ε e μ_0 foram obtidos por vários pesquisadores, sendo medidas confiáveis na ocasião da publicação do *Tratado sobre eletricidade e magnetismo*, em 1873, por Maxwell (Silva, 2020). Assim, a velocidade de propagação do campo elétrico foi calculada teoricamente com valor $c \approx 2{,}99 \cdot 10^8$ m/s, sendo os valores das constantes dados por

$$\varepsilon_0 \simeq \frac{10^{-9}}{4\pi \cdot 8{,}98755} \frac{F}{m} \text{ e } \mu_0 = 4\pi \cdot 10^{-7} \frac{H}{m}.$$

Para compreender melhor esses resultados, vale a pena ler o comentário do próprio Maxwell, citado pelo professor Nussenzveig (1997, p. 271):

> A velocidade das ondas transversais em nosso meio hipotético, calculada a partir dos experimentos eletromagnéticos dos Srs. Kohlrausch e Weber, concorda tão exatamente com a velocidade da luz, calculada pelos experimentos óticos do Sr. Fizeau, que é difícil evitar a inferência de que a luz consiste nas ondulações transversais do mesmo meio que é a causa dos fenômenos elétricos e magnéticos.

Com esses estudos, nasceu a noção de que a luz é uma onda eletromagnética. Diante disso, é fundamental levantar duas questões:

1. A velocidade de propagação de uma onda está relacionada a um meio. No caso das ondas eletromagnéticas, qual é o meio pelo qual elas se propagam?
2. As relações obtidas por meio da relatividade de Galileu são válidas para essa situação?

Essas perguntas formam a base da teoria da relatividade moderna e somente podem ser respondidas com a realização de experiências. No entanto, essa experimentação não significa que a construção da teoria foi feita sem uma abordagem filosófica preexistente. Antes de tratarmos dos experimentos e das hipóteses levantadas para responder tais questionamentos, é importante examinarmos os esforços de diversos cientistas para medir a velocidade da luz.

2.2 Velocidade da luz: um desafio experimental

A medida da velocidade da luz, assim como a própria natureza desta, intrigou vários pensadores desde a Antiguidade. Aristóteles (385 a.C.-322 a.C.) imaginou que a luz era uma propriedade além dos corpos que partia destes em direção aos olhos de seus observadores (Costa, 2011). De acordo com o filósofo,

> A luz não é fogo nem qualquer tipo de corpo e nem mesmo algum tipo de fluido de um corpo (se fosse isso, seria algum tipo de corpo também). (Luz) é a presença do fogo ou algo aparentado com o fogo naquilo que é transparente. Não é certamente um corpo, pois dois corpos não podem estar presentes no mesmo lugar. O oposto da luz é a escuridão; e escuridão é a ausência naquilo que é transparente do estado positivo

correspondente acima caracterizado. (Aristóteles citado por Costa, 2011)

Embora não seja possível determinar com exatidão o que os contemporâneos de Aristóteles pensavam sobre a luz, sua insistência em pontuar que ela não poderia ser um corpo sugere que, correntemente, era concebida dessa forma (isto é, como um corpo), de modo que o filósofo se opunha às noções difundidas em sua época.

Durante o Iluminismo, Galileu interessou-se pela questão da medida da velocidade da luz e encontrou muitas dificuldades para a obtenção de resultados (IFSC, 2013). Conta-se que ele e seu assistente se posicionavam em montanhas diferentes, sendo que a distância entre as duas era conhecida por eles, e tentavam cronometrar o tempo entre o início do envio de um pulso luminoso e sua percepção. Como a transmissão parecia instantânea, Galileu concluiu que a velocidade da luz era infinita. Note que em Galileu percebemos que a preocupação em descobrir como a luz se comporta e quais são as medidas que podemos fazer com ela é maior do que a preocupação em afirmar o que ela é em si, justamente a discussão de Aristóteles. Isso porque, na ciência moderna, saber como as coisas se relacionam entre si é mais importante do que saber o que elas são.

A primeira pessoa a conseguir uma medida "experimental" da velocidade da luz foi o astrônomo Olaf Römer (1644-1710), em 1676. Enquanto observava Júpiter e seu satélite Io, ele notou que havia um atraso no tempo de ocultação do satélite pelo planeta (podemos entender como um eclipse de Io) em diferentes épocas do ano.

Na Figura 2.2, há uma simples ilustração do que Römer imaginou. Naquela época, podia-se estimar a distância de Júpiter ao Sol, por meio das leis de Kepler, supondo-se que o atraso no tempo de ocultação de Io não era causado por alguma variação na distância de Io a Júpiter, e sim pelo fato de a luz ter uma velocidade finita. Se a luz percorre uma distância maior no eclipse de Io no instante t = B (R_B) do que no instante t = A (R_A) podemos estimar a velocidade da luz (c) por meio da Equação 2.16.

Equação 2.16

$$c = \frac{R_B - R_A}{\Delta T}$$

em que:

- ΔT é a diferença entre o tempo de duração do eclipse de Io nos instantes *A* e *B*.

Figura 2.2 – Esquema ilustrativo dos eclipses de Io observados na Terra em diferentes épocas do ano para a primeira estimativa da velocidade da luz

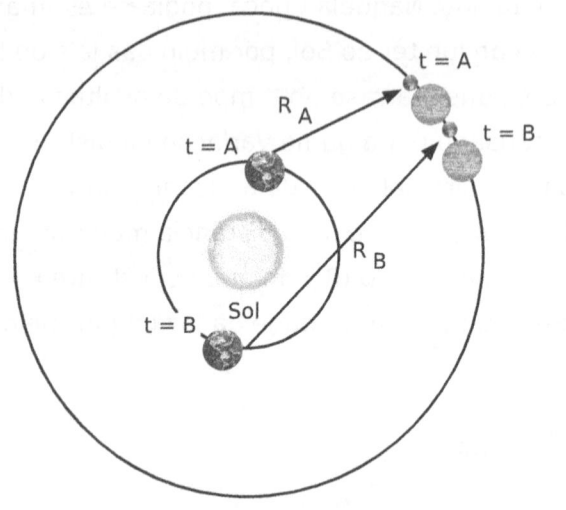

O cálculo de Römer foi realizado e obteve um resultado muito alto, próximo de $6,1 \cdot 10^4$ m/s, porém ainda bem pequeno se comparado à medida conhecida atualmente, que é cerca de dez mil vezes maior.

Embora o cálculo de Römer seja bem executado, a medida apresenta diversos erros que podem comprometer totalmente o valor final. O primeiro destes reside no fato de que as leis de Kepler propiciam sempre resultados relativos para as distâncias – por exemplo, distância entre a Terra e o Sol, entre Júpiter e o Sol. Assim, uma estimativa imprecisa da distância entre a Terra e o Sol causa um grande erro no cálculo da velocidade da luz.

Uma amostra de como erros nessas medidas astronômicas podem ocorrer está no cálculo da razão entre algumas distâncias. A razão entre a distância da Terra à Lua e o raio da Terra era conhecida, há muito tempo, pelas diferenças dos ângulos que envolviam as coroas luminosas durante os eclipses solares (Nussenzveig, 2002a). No entanto, as estimativas da razão entre a distância da Terra à Lua e a distância da Terra ao Sol poderiam ser bem imprecisas dependendo do ângulo entre a Lua em fase quarto crescente e o Sol (Oliveira; Lima; Bertuola, 2016).

Do ponto de vista da filosofia da ciência, a estimativa é um grande avanço epistemológico, pois consiste em um resultado que manipula medidas facilmente repetidas e obtém, por um raciocínio muito coerente, um valor finito da velocidade da luz.

A primeira medida, em Terra, da velocidade da luz foi realizada pelo físico francês Hippolyte Fizeau (1819-1868), por meio de uma medida combinada da refração da luz e sua interferência em uma roda dentada girante.

Figura 2.3 – Esquema do experimento de Fizeau

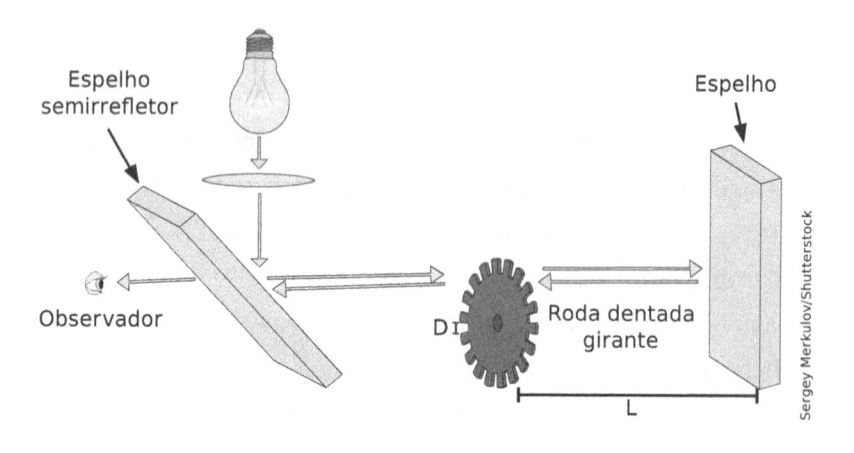

Na Figura 2.3, observamos uma simplificação do experimento de Fizeau. A luz emitida pela fonte é colimada e incide sobre um espelho semirrefletor. Uma parte da luz ruma para o observador e outra incide sobre uma roda dentada, segue a distância L até um espelho total, retorna até a roda e, posteriormente, é novamente refletida até o observador.

Força nuclear forte

Espelho semirrefletor: espelho que reflete uma parte da luz e refrata outra.

A imagem combinada que o observador vê é a superposição da luz refletida pelo espelho total e pelo espelho semirrefletor. Se a luz apresenta velocidade finita, ela demora um tempo Δt para percorrer a distância 2L (percurso de ida e volta roda-espelho-roda). Sabendo-se o tamanho da roda dentada, o número de dentes e a velocidade angular ω com que esta gira, é possível determinar a velocidade da luz. Em 1849, Fizeau realizou esse experimento com a seguinte configuração: uma roda dentada com cerca de 720 dentes sobre uma colina, com o espelho semirrefletor atrás e o espelho total a uma distância de 8 km. Assim, ele chegou ao valor de $3,15 \cdot 10^8$ m/s para a velocidade da luz (Bassalo, 1989).

Em 1862, o experimento de Fizeau foi aperfeiçoado por seu colega Jean-Bernard-Leon Foucault (1819-1868), que substituiu a roda dentada por um espelho giratório e, colimando o feixe com uma lente, obteve o valor de $2,98 \cdot 10^8$ m/s.

Nesta seção, chegamos a uma conclusão importante: de acordo com os resultados experimentais, a velocidade da luz é finita e muito alta. Desse modo, a luz deveria ter um meio de propagação com as características de um sólido elástico para propagar ondas transversais – as soluções da Equação 2.12 implicam ondas transversais que apresentam densidade de massa, como mostra a Equação 2.13. Além disso, considerando-se os movimentos astronômicos, esse meio deveria ser sutil, de modo que os planetas se deslocassem por ele sem perder velocidade. Esse meio, chamado de *éter luminífero*, era necessário, já que tanto filósofos quanto cientistas demonstravam certa ojeriza ao conceito de vazio.

Força nuclear forte

Desde a época de Kepler e Newton, a noção de que o movimento dos planetas era eterno se encontrava consolidada e, para que ele ocorresse, os astros não poderiam perder velocidade pelo seu movimento no Cosmo. Assim, o éter deveria ser tão tênue que não reteria os planetas em suas trajetórias.

Na verdade, desde a época de Christiaan Huygens (1629-1695) o conceito de éter luminífero era discutido nos meios acadêmicos. O professor José Maria Filardo Bassalo (1989, p. 45) assim descreve essa discussão:

> sendo a luz uma onda e considerando que o som ondula no ar, Huygens pensou, então, que a luz deveria também "ondular" em um meio. Tal meio, concluiu Huygens, deveria ser o mesmo que enche o Universo todo, já que recebemos luz das estrelas mais distantes. Desse modo, Huygens denominou-o de éter luminífero baseado no éter aristotélico-descartiano. No entanto, devido à alta velocidade da luz já conhecida, pois fora calculada pelo astrônomo dinamarquês Olaf Roemer (1644-1710), em 1675, o éter deveria ser uma camada gasosa, extremamente rarefeita, não observável por intermédio dos instrumentos disponíveis à época.

Foi dessa forma que o conceito de éter luminífero ganhou força. Nesse sentido, cientistas como Maxwell, Hendrik Lorentz (1853-1928), Albert Abraham Michelson

(1852-1931) e vários outros acreditavam na existência de um meio em que os campos magnéticos e elétricos se propagariam e que consistiria em um referencial absoluto, de modo que a regra da soma da velocidade de Galileu não se aplicaria.

Um dos defensores da existência do éter era o físico americano de origem alemã Albert Michelson, cuja formação acadêmica se constituiu dentro desse paradigma. Coube justamente a ele propor o experimento que, atualmente, é considerado responsável por desfazer o conceito de éter. Contudo, veremos que, na verdade, essa explicação configura um artefato educacional e que o abandono do conceito de éter luminífero foi concluído com uma série de questionamentos teóricos que discutiremos na Seção 2.3, a seguir.

2.3 O experimento de Michelson-Morley: o fim da hipótese do éter luminífero?

Uma das propostas metodológicas deste livro é levar você, leitor, a refletir sobre três questões, a saber:

1. Quais foram os fenômenos e questionamentos que levaram os cientistas a construir suas teorias?
2. Como essas teorias científicas chegaram ao nosso conhecimento?

3. De que forma todo esse conhecimento pode ser estruturado para ser acessível e aplicável nos desafios da atualidade?

Essas discussões fazem parte de uma linha de questionamento da forma de pensar a ciência em nossa sociedade acadêmica. Tal forma se faz presente em diversas publicações das áreas de ensino de ciências, filosofia da ciência e epistemologia, bem como em documentos oficiais sobre o ensino da disciplina de Ciências, como os Parâmetros Curriculares Nacionais (PCN) para a área de Ciências da Natureza, Matemática e suas Tecnologias, nos quais se descreve como se pensa nacionalmente o ensino de Física na educação básica. Convém destacar aqui o seguinte trecho desse documento:

> A consciência de que o conhecimento científico é assim dinâmico e mutável ajudará o estudante e o professor a terem a necessária visão crítica da ciência. Não se pode simplesmente aceitar a ciência como pronta e acabada e os conceitos atualmente aceitos pelos cientistas e ensinados nas escolas como "verdade absoluta". (Brasil, 1998, p. 31)

Nesse sentido, na discussão sobre o papel do experimento na compreensão da teoria da relatividade, cabe mencionar um evento muito discutido em diversos materiais sobre o assunto, a ponto de, muitas vezes, tornar-se um "mantra" do ensino convencional, muito embora esteja permeado por um profundo debate acadêmico nem sempre marcado por consensos.

O experimento de Michelson-Morley é apresentado como a prova cabal da inexistência do éter luminífero (Nussenzveig, 1997). Entretanto, muitas de suas afirmações levam em conta uma visão empirista da construção científica, que não é unanimidade entre os membros da comunidade. Não raro, o experimento somente faz sentido no âmbito de uma teoria construída para esse fim.

O leitor não técnico e o estudante de graduação, às vezes, sofrem com esse conflito generalizado, sendo a presença do professor ou do tutor imprescindível para a mediação. Um escritor que aborda esse tema de maneira lúdica, em certa medida, é o professor Rubem Alves (1999), ao apresentar uma analogia entre a rede dos pescadores e os cientistas em sua tarefa de descrever a natureza:

> Com isso voltamos àquela aldeia de pescadores que aprenderam a pescar os peixes que nadavam no rio da realidade [...] Aprenderam que peixes se pescam com redes. Contei essa parábola como analogia para o que fazem os cientistas, pois eles também são pescadores que pescam no rio da realidade. Também eles usam redes para pescar. As redes dos cientistas feitas com palavras. Somente palavras que possam ser amarradas com nós de números. Os peixes que caem nas malhas

da ciência são entidades matemáticas – do jeito mesmo como Galileu o disse.

Um tolo poderia dizer: "Que pena que se tenha de usar redes! Nas redes os buracos são muito maiores que as malhas! A rede deixa passar muito mais do que segura! Seria melhor se, ao invés de redes, usássemos lonas de plástico que não deixam passar nada. Assim, pegaríamos tudo!" Palavras de um tolo. Uma lona de plástico, por pretender pegar tudo, não pegaria nada. A rede só pega peixes porque os seus buracos deixam passar. As redes da ciência deixam passar muito mais do que seguram. As coisas que as redes da ciência não conseguem segurar são as coisas que a ciência não pode dizer. As coisas que "não são científicas". Sobre elas ela tem de se calar.

Esse belo texto, além de nos indicar que existem temas sobre os quais a ciência "tem de se calar", também sugere que toda construção científica se baseia em uma forma teórica de ver o mundo, de modo que o experimento somente faz sentido se entendemos os questionamentos que levaram à sua execução. Muitas vezes, os livros apresentam a discussão sobre o papel dos experimentos como se estes fossem a prova cabal e inquestionável da vitória de uma forma de pensamento sobre as outras, quando, na verdade, ele é apenas uma parte desse processo. Isso não quer dizer que os experimentos não sejam fundamentais na construção da teoria, e sim que eles somente fazem sentido dentro de uma estrutura construída para que se encaixem.

Os professores Fernando Lang da Silveira e Luiz O. Q. Peduzzi (2006) destacam três casos em que esse tipo de interpretação totalmente empirista ocorre, sendo um deles justamente o experimento de Michelson-Morley. Dessa forma, nesta seção, apresentaremos esse experimento, o modo como ele é abordado em muitos textos básicos e uma maneira de compreendermos como a hipótese do éter foi abandonada. Caso você deseje aprofundar-se em todos os desdobramentos teóricos anteriores, sugerimos a leitura dos autores supracitados.

Albert Abraham Michelson nasceu em 1852, em uma família de comerciantes judeus de Strzelno. Essa região atualmente faz parte da Polônia, mas, na época de seu nascimento, era território do Reino da Prússia – que, posteriormente, se tornaria a Alemanha, em sua configuração anterior à Primeira Guerra Mundial, por meio da unificação de outros reinos de língua alemã. Aos 2 anos de idade, imigrou com sua família para os Estados Unidos, onde recebeu nacionalidade estadunidense. Embora tenha realizado seus estudos de graduação na United States Naval Academy, Michelson não seguiu a carreira militar e seguiu para o doutorado na Humboldt-Universität zu Berlin (Universidade Humboldt de Berlim) (Bassalo, 1989).

A princípio, Michelson estudou o aprimoramento da medida da velocidade da luz, com o uso de um instrumento denominado *interferômetro*. No entanto, convencido por seus pares a realizar um experimento com o propósito de verificar a velocidade relativa do éter luminífero, iniciou uma nova empreitada para aperfeiçoar seu instrumento a fim de o utilizar nessa tarefa. Nesse desafio, Michelson contou com a colaboração do químico Edward Williams Morley (1838-1923). Os dois começaram seus experimentos em 1881, nos Estados Unidos (Bassalo, 1989).

O interferômetro de Michelson, esquematizado na Figura 2.4, a seguir, consiste em uma fonte luminosa que emite um feixe de luz dividido em dois por um espelho semirrefletor. Uma parte do feixe luminoso percorre a distância l_1, perpendicular ao feixe original, e outra mantém a trajetória inicial l_2. Tanto o feixe que segue pela distância l_1 quanto o que segue pela distância l_2 são refletidos por espelhos totais e retornam para o semirrefletor. O primeiro permanece em sua trajetória, enquanto o segundo segue na vertical para o detector de luz.

Figura 2.4 – Esquema ilustrativo do experimento de Michelson-Morley

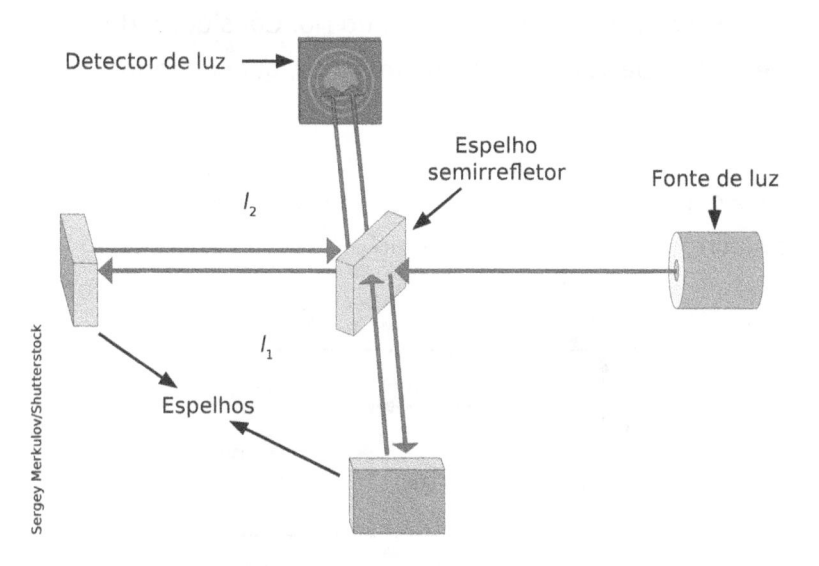

Antes de continuarmos a descrição do experimento de Michelson-Morley, é importante traçarmos algumas analogias para facilitar a compreensão da ideia de movimento relativo envolvida nele.

Simulações

Imagine um rio com margens a 3 metros de distância uma da outra e no qual são assinalados três pontos – A, B e D (Figura 2.5). Os pontos A e B estão na mesma margem do rio e distam 3 metros um do outro. Já o ponto D fica na outra margem. Dois nadadores nadam com velocidade $c = 4$ m/s em relação ao fundo do rio (imóvel) e ambos partem do ponto A. O nadador 1 vai até o ponto

B e retorna até A, enquanto o nadador 2 parte também de A, atinge D e retorna. A velocidade da correnteza é v = 3 m/s em relação ao fundo do rio. Considerando-se que ambos partem no mesmo instante, qual nadador conclui primeiro seu percurso?

Figura 2.5 – Esquema ilustrativo do exemplo dos dois nadadores que devem cruzar um rio

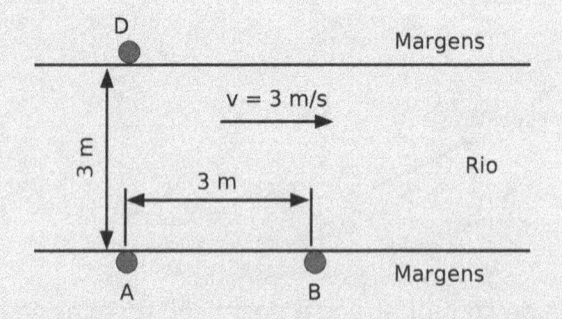

Resolução

Para sabermos qual dos dois nadadores conclui seu percurso primeiro, devemos calcular os intervalos de tempo Δt_i dos dois e compará-los. Aquele que tem o menor valor de Δt_i, conclui antes. Para o primeiro nadador, a expressão é a Equação 2.17.

Equação 2.17

$$\Delta t_1 = \frac{x}{c+v} + \frac{x}{c-v}$$

Essa expressão se deve ao fato de que, na ida até o ponto B, a correnteza está a favor do nadador 1, enquanto, na volta, ela está contrária. Substituindo o valor x = 3 m e os valores das velocidades, encontramos $\Delta t_1 = 3{,}43$ s.

O nadador 2 percorre a mesma distância de 3 metros na ida e na volta, mas sua velocidade deve ser a resultante vetorial de sua velocidade em relação ao fundo do rio e à correnteza, conforme ilustra a Figura 2.6.

Figura 2.6 – Representação da combinação vetorial das velocidades

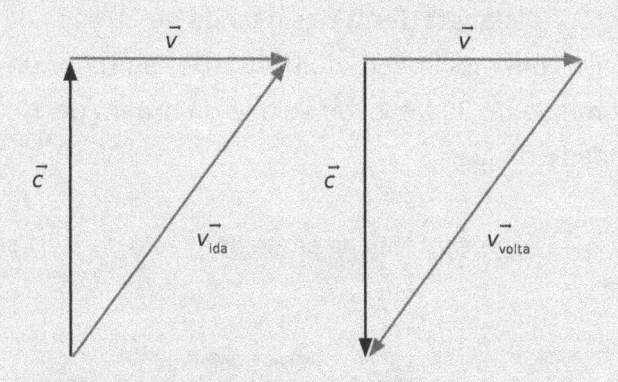

Os módulos das velocidades de ida e de volta são os mesmos, ou seja, $\left|\vec{v}_{ida}\right| = \left|\vec{v}_{volta}\right| = \sqrt{3^2 + 4^2} = 5$ m/s. Assim, encontramos $\Delta t_2 = 1{,}2$ s. Logo, verificamos que o nadador 2 conclui seu percurso em uma quantidade de tempo menor.

Na situação apresentada, note que, tanto para o nadador 1 quanto para o nadador 2, a velocidade que determina o tempo de realização do percurso não é a velocidade do nadador nem a do rio, mas a velocidade relativa de ambos.

No caso do experimento de Michelson-Morley, o nadador corresponderia à luz, e a correnteza do rio, à velocidade com que o laboratório se deslocaria no éter. Contudo, para que Michelson pudesse encontrar alguma medida razoável de diferença entre os caminhos ópticos de ida e de volta, essa velocidade de deslocamento do laboratório deveria aproximar-se da velocidade da luz em algumas ordens de grandeza.

A única velocidade compatível com a da luz seria a do próprio planeta Terra deslocando-se através do éter. Seu valor, em movimento de translação ao redor do Sol, aproxima-se de 30 km/s, ou seja, é da ordem de 10^{-4} da velocidade da luz.

Figura 2.7 – Representação do efeito do "vento do éter" sobre a Terra

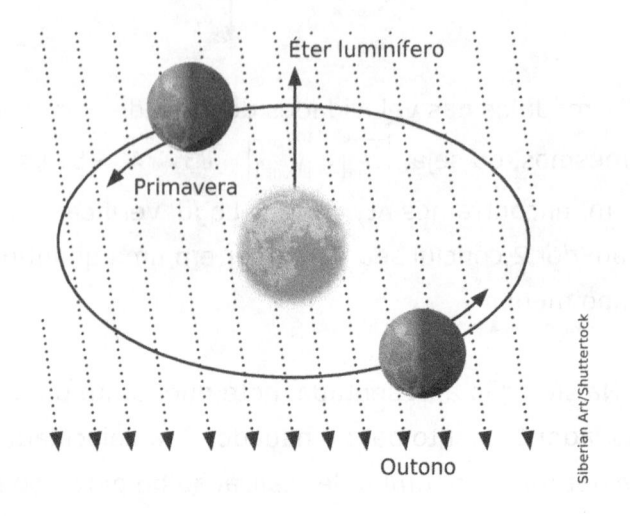

Na verdade, a exemplo do que acontece com os nadadores, haveria diferença de caminho óptico no interferômetro, mesmo se os braços do equipamento fossem iguais (é claro, em situação que considerasse a existência do éter). Caso os comprimentos dos braços do interferômetro (l_1 e l_2) fossem diferentes, também ocorreria uma diferença de caminho óptico, gerando um padrão de interferência. Este, na época do experimento de Michelson-Morley, já era bem conhecido, sendo explicado pelo fato de que a luz é uma onda transversal. Na Figura 2.8, há um exemplo de padrão desse tipo.

Figura 2.8 – Padrão de interferência típico em um interferômetro de Michelson, sendo os círculos claros chamados de *franjas de interferência*

Michelson e Morley esperavam que o padrão fosse deslocado pelo efeito da translação do interferômetro, por conta do "arrasto" causado pelo "vento do éter". Todavia, mesmo com a realização do experimento em diferentes épocas do ano, não foi possível observar nenhuma diferença no padrão de interferência.

Como bons experimentais, Michelson e Morley estimaram o deslocamento das franjas causado pela translação do interferômetro. Aqui, devemos retornar à Figura 2.6, de modo a concluir que a velocidade relativa pode ser obtida por meio da Equação 2.18.

Equação 2.18

$$\left| \vec{v_R} \right| = \sqrt{c^2 - v^2} = c\sqrt{1 - \frac{v^2}{c^2}}$$

Agora, observando o esquema do experimento de Michelson e Morley (Figura 2.4), imaginemos que o éter se desloca na horizontal, paralelamente ao braço l_2. Então, a diferença do caminho óptico Δ entre um trajeto e outro seria a velocidade da luz multiplicada pela diferença entre o tempo que cada feixe luminoso levaria para percorrer cada trecho, conforme indica a Equação 2.19.

Equação 2.19

$$\Delta = c(t_2 - t_1) = c\left(\frac{2l_2}{c\left(1 - \frac{v^2}{c^2}\right)} - \frac{2l_1}{c\sqrt{1 - \frac{v^2}{c^2}}}\right)$$

Uma explicação para a não ocorrência de mudança no padrão de interferência foi proposta pelo físico irlandês George Francis FitzGerald (1851-1901), o qual, em uma pequena carta à revista *Science*, sugeriu "hipoteticamente" que o movimento do braço l_2 do interferômetro através do éter geraria uma contração (Gerald, 1889).

Essa contração explicaria o fato de que $\Delta = 0$ para a translação do interferômetro, como se o comprimento l_2 fosse multiplicado por $\sqrt{1 - \frac{v^2}{c^2}}$.

Talvez você, leitor, se pergunte: "Por que razão eles não assumiram que o éter não existia?". A resposta para tal questionamento é: simplesmente porque ninguém teria outra formulação teórica para propor no lugar do éter. O próprio Michelson continuou acreditando que seu experimento estava falho. Na Seção 2.4, a seguir, veremos outra tentativa de "salvar" o conceito de éter.

2.4 As transformações de Lorentz: uma "luz" no fim do túnel

Conforme apresentamos, as equações que representavam as leis do eletromagnetismo eram muito similares àquelas que descreviam a propagação de ondas em meios materiais. Esse foi o caminho utilizado por muitos pesquisadores para tentar sanar a dificuldade de conciliar dois problemas, a saber: (1) a coerência entre as transformações de Galileu da mecânica clássica; (2) a incapacidade de detectar o movimento relativo do éter no experimento de Michelson-Morley.

Nesta seção, reproduziremos parte dos resultados obtidos por Hendrik Lorentz (1904), em um trabalho de 1903, e por Woldemar Voigt (1850-1919), que, graças a pesquisas realizadas em 1897, é considerado fundamental por vários autores (Engelhardt, 2018). Entre os dois, o mais famoso é, sem dúvida, Lorentz, cientista de origem holandesa que se dedicou, inicialmente, aos desafios do eletromagnetismo e contribuiu, de forma significativa, para a unificação desse campo com a óptica.

Lorentz descreveu o movimento de uma partícula dentro do éter, compreendendo-o como um meio dielétrico, para o qual escreveu as leis de Maxwell. Em um meio dielétrico, há o vetor deslocamento elétrico $\vec{D}$, uma densidade volumétrica de carga ρ e a força magnética $\vec{F}$ à qual um elemento de carga elétrica estaria submetido. Todos os cálculos foram realizados considerando-se um ponto em que a partícula se propagaria com velocidade $\vec{v}$. Porém, é importante ressaltar que não ficava muito claro em relação a qual elemento seria calculada essa velocidade $\vec{v}$. Assim, precisaremos voltar a certos conceitos da ondulatória para pensarmos a respeito desse aspecto.

Com os experimentos de Lorentz, chegamos às Equações 2.20, 2.21, 2.22 e 2.23.

Equação 2.20

$$\vec{\nabla} \cdot \vec{D} = \rho$$

Equação 2.21

$$\vec{\nabla} \cdot \vec{F} = 0$$

Equação 2.22

$$\vec{\nabla} \cdot \vec{D} = \frac{-1}{c} \frac{\partial \vec{F}}{\partial t}$$

Equação 2.23

$$\vec{\nabla} \cdot \vec{F} = \frac{1}{c} \left(\frac{\partial \vec{D}}{\partial t} + \rho \vec{v} \right)$$

Observe que, nas equações, há a velocidade da luz (c) de propagação dos impulsos causados pela perturbação da partícula no éter. Vamos nos afastar do raciocínio de Lorentz para pensar da maneira que estamos acostumados a descrever uma onda transversal no espaço, considerando seu comprimento de onda λ e sua frequência de oscilação ν. Uma descrição do perfil ($A(x, t)$) dessa onda, uma função do tempo e do espaço, é fornecida pela Equação 2.24.

Equação 2.24

$$A(x, t) = \cos(kx - \omega t)$$

em que:

- $k = \dfrac{2\pi}{\lambda}$ é o denominado *número de onda*, que representa quantos comprimentos de onda estão encerrados em um ciclo angular;
- $\omega = 2\pi\nu$ é a frequência angular de oscilação da onda.

Como vimos anteriormente, o perfil da onda não se altera se visto nos mesmos instantes periódicos, pois $A(t + T) = A(t)$. Dessa forma, podemos perceber que a variação do argumento da função da Equação 2.24 é nula, de modo que obtemos a Equação 2.25.

Equação 2.25

$$k\Delta x - \omega \Delta t = 0 \Rightarrow \frac{k}{\omega} = \frac{\Delta x}{\Delta t} = \nu$$

Estabeleceremos uma diferença entre a velocidade de onda e a velocidade de grupo, conceitos importantes em sistemas ondulatórios (Nussenzveig, 2002b). Lorentz inseriu uma mudança de variável representada por uma quantidade γ, calculada pela Equação 2.26.

Equação 2.26

$$\gamma^2 = \frac{c^2}{c^2 - v^2}$$

em que:

- *c* é a velocidade da onda;
- *v* é a velocidade do grupo.

Quando consultamos os trabalhos de Lorentz (1903), podemos notar que ele utiliza outras variáveis para representar as mesmas grandezas. Porém, neste livro, optamos por aproximar nossa notação dos padrões empregados nos livros didáticos modernos.

Lorentz estipulou o conjunto das Equações 2.27, 2.28, 2.29 e 2.30.

Equação 2.27

$$x' = \gamma l x$$

Equação 2.28

$$y' = ly$$

Equação 2.29

$$z' = lz$$

Equação 2.30

$$t' = \frac{l}{\gamma}t - \gamma l \frac{v}{c^2} x$$

Nessa situação, Lorentz indica que um observador se desloca na mesma direção que a propagação da perturbação da partícula. A grandeza *l*, adimensional, é obtida pela integração das contribuições cinéticas da força magnética gerada pela propagação do corpo. Em seu artigo de 1903, o autor não apresentou suas equações nos formatos mais conhecidos atualmente – empregados a seguir –, porque sua proposta era explicar as falhas na detecção do movimento relativo do éter nos experimentos de Michelson-Morley e Trouton-Noble, prescindindo de uma correlação entre tempo (instantes) e posição, como podemos inferir desde o título do trabalho: "Fenômenos magnéticos em um sistema que se move em uma velocidade menor do que a da luz" (Lorentz, 1904, p. 809, tradução nossa). O pesquisador expôs suas transformações completas em artigo publicado em 1904 (Engelhardt, 2018).

Conhecimento quântico

Há, em língua inglesa, dois artigos pertinentes para a compreensão das especificidades do experimento Trouton-Noble, explorando seu funcionamento, suas bases teóricas, suas limitações e até mesmo sua relação com aquele proposto por Michelson e Morley. Você pode consultá-los acessando os *links* indicados a seguir.

GABILLARD, R. et al. Replication of the Trouton-Noble Experiment. **Chinese Journal of Physics**, Taiwan, v. 48, n. 4, p. 427-438, Aug. 2010. Disponível em: <https://www.ps-taiwan.org/cjp/download.php?type=paper&vol=48&num=4&page=427>. Acesso em: 15 dez. 2020.

TEUKOLSKY, S. A. The Explanation of the Trouton-Noble Experiment Revisited. **American Journal of Physics**, v. 64, n. 9, p. 1104-1108, Sept. 1996. Disponível em: <https://authors.library.caltech.edu/88290/1/1.18329.pdf>. Acesso em: 15 dez. 2020.

As transformações que Lorentz obteve são sintetizadas, atualmente, pelas Equações 2.31, 2.32, 2.33 e 2.34.

Equação 2.31

$$x' = \gamma(x - vt)$$

Equação 2.32

$$y' = y$$

Equação 2.33

$$z' = z$$

Equação 2.34

$$t' = \gamma\left(t - \frac{v}{c^2}x\right)$$

O sistema das Equações de 2.31 a 2.34 descreve a contração do braço do interferômetro e a ausência da torção na balança do experimento de Thourton-Noble. Note que foi proposta a suposição de o tempo visto no referencial do éter ser diferente. Neste, o instante observado t' depende da posição em que a perturbação no éter foi efetuada x. Isso pode parecer pouco usual, mas faz sentido se pensarmos, atualmente, na ideia da propagação do pulso. Com isso, Lorentz manteve o conceito primordial de que o espaço e o tempo são absolutos, assim como a noção de que o espaço não é um grande conjunto de subconjuntos vazios.

No entanto, ainda seria difícil explicar duas observações com as ideias de Lorentz: (1) a diferença da indução eletromagnética; (2) a contradição das leis de Maxwell em um experimento mental no qual o observador se desloca com a velocidade da luz.

Albert Einstein (1879-1955) foi o responsável por descrever esses problemas, de modo que, no ano de 1905, conhecido como seu *annus mirabilis*, propôs aquela que atualmente conhecemos como a *moderna teoria da relatividade especial* (TRE).

Neste capítulo, indicamos como as tensões e as dúvidas em relação aos fenômenos ópticos levaram a várias teorias sobre a natureza, as quais, muitas vezes, eram conflitantes entre si. Na atualidade, existem teorias que assumem uma velocidade da luz não constante para um período da gênese do Universo (Barrow; Mangueijo, 2000) e que estão totalmente de acordo com os princípios da ciência moderna. Entretanto, alguns grupos utilizam essas ideias para colocar em dúvida a existência de uma Terra e de Universos mais antigos (Lourenço, 2018). Isso porque, se a velocidade da luz pode variar dentro do Universo, não poderíamos usá-la como medida para sua idade, pois seria quase como utilizar o ritmo do pulso cardíaco de alguém para medir sua longevidade, mesmo sabendo que esse pulso varia. Apesar de essa objeção ser coerente, a comunidade científica ainda não encontrou evidências experimentais contundentes de que a velocidade da luz varie dentro do Universo observado. Diante dessa discussão, surge uma pergunta ainda mais intrigante: "A ideia de que a luz apresenta uma velocidade variável é útil para explicar fenômenos naturais observados ou para preservar uma cosmovisão do Universo?". Talvez seja necessário refletir sobre tal questionamento antes de prosseguir nos estudos sobre essa temática.

É pertinente ressaltar que a busca por uma coerência entre as descrições dos fenômenos configura um esforço para apresentar uma representação da natureza que seja a mais fiel possível. Isso nos lembra o fato de que toda essa construção do saber consiste em uma dinâmica de grupos sociais dos quais nós fazemos parte. Assim, prezado leitor, integramos essa onda de conhecimento e compreensão que depende da dinâmica dos eventos aos quais estamos submetidos. É importante, nesta época marcada pela "pós-verdade", perceber que o conhecimento é fluido (Bauman, 1999) e, portanto, maleável em suas relações com os mais diversos grupos sociais. Mesmo nas ciências exatas precisamos considerar esse aspecto.

Conhecimento quântico

Para um estudo mais detalhado e denso a propósito do caráter maleável do conhecimento e das relações sociais, sugerimos a leitura do livro *Modernidade líquida*, do sociólogo polonês Zygmunt Bauman.

BAUMAN, Z. **Modernidade líquida**. São Paulo: Zahar, 1999.

Radiação residual

- Os avanços na compreensão dos fenômenos elétricos e magnéticos levaram à formulação de um conjunto de leis conhecidas como *leis de Maxwell*, as quais indicaram, teoricamente, que os eventos desse tipo, isto é, eletromagnéticos, são parte de um mesmo fenômeno e que sua propagação se dá na velocidade da luz.
- As medidas da velocidade da luz foram aperfeiçoadas até o momento em que se chegou a uma conclusão indicativa da natureza eletromagnética dos fenômenos ópticos.
- Os fenômenos eletromagnéticos são descritos como os fenômenos ondulatórios e, para melhor descrevê-los, foi criada a noção de éter luminífero.
- O movimento relativo do éter luminífero não foi detectado por nenhum experimento até o final do século XIX.
- Hendrik Lorentz elaborou um conjunto de equações, semelhantes às transformações de Galileu, que explicavam a não detecção do movimento do éter. Porém, ainda restaram fenômenos que não eram explicados pela descrição de Lorentz, problema que seria solucionado, posteriormente, com a formulação da relatividade de Einstein.

Testes quânticos

1) Considere a função u(x, t) = A sen(kx − ωt) e, a seguir, assinale com V as afirmativas verdadeiras e com F as falsas:
   ( ) Essa função é solução da Equação 2.12, apresentada no decorrer deste capítulo.
   ( ) A velocidade de propagação longitudinal da onda representada por essa função é dada pela razão $\frac{k}{\omega}$.
   ( ) A amplitude de variação da onda representada por essa função restringe-se ao intervalo [−A, A].
   ( ) O máximo valor do módulo da velocidade transversal da onda representada por essa função é dado por ωA.

   Agora, assinale a alternativa que apresenta a sequência obtida:

   a) V, V, F, V.
   b) V, F, V, V.
   c) F, F, V, V.
   d) V, V, F, F.
   e) F, V, V, F.

2) Considere a função exponencial u(x, t) = $(e^{-\lambda t} + e^{\lambda t})e^{\beta x}$ e, a seguir, assinale com V as afirmativas verdadeiras e com F as falsas:
   ( ) Essa função não é solução da Equação 2.12.

( ) A velocidade longitudinal de propagação da onda é dada por $v = \pm\dfrac{\lambda}{\beta}$.

( ) A velocidade transversal da onda é dada por $v_u = \lambda(e^{-\lambda t} - e^{\lambda t})e^{\beta x}$.

Agora, assinale a alternativa que apresenta a sequência obtida:

a) V, V, V.
b) F, V, V.
c) V, F, V.
d) V, V, F.
e) V, F, F.

3) A diferença entre os tempos do eclipse de Io ao redor de Júpiter no inverno e no verão terrestres é de aproximadamente 21 minutos. Sabendo que a distância de Júpiter ao Sol é de cerca de 5,2 UA (1 UA = 1 unidade astronômica = distância média da Terra ao Sol) e utilizando o raciocínio de Römer, indique qual das alternativas a seguir apresenta o valor mais próximo da velocidade da luz em unidades astronômicas por minuto:

a) 0,25 UA/min.
b) 4,04 UA/min.
c) 0,05 UA/min.
d) 21 UA/min.
e) 5 UA/min.

4) Considerando o experimento de Fizeau simplificado (Figura 2.3), analise as afirmações a seguir:

I) A velocidade da luz (c) no experimento de Fizeau pode ser obtida por $c = \omega L$, em que ω é a velocidade angular da roda dentada e L a distância entre a fonte de luz e o espelho.

II) A medida da velocidade angular da roda dentada deveria ser feita em duas situações, uma na qual a fonte luminosa fosse visível e outra na qual ela deixasse de ser visível.

III) A melhor expressão para a velocidade da luz nesse experimento deve ser $c = \dfrac{2L}{T}$.

Agora, assinale a alternativa que apresenta a(s) afirmativa(s) correta(s):

a) II e III.
b) I e II.
c) Somente I.
d) I, II e III.
e) Somente II.

5) A respeito do papel do éter luminífero na construção da teoria eletromagnética para a luz, é correto afirmar:

a) O éter luminífero é uma substância imponderável responsável pela origem da luz nos corpos.
b) O éter luminífero é uma substância hipotética que conduziria a luz pelo espaço material.

c) O éter luminífero é uma substância muito tênue que preenche todo o espaço e a onda eletromagnética se propaga nele.

d) O éter luminífero é uma substância muito tensa que preenche o espaço material e a luz se propaga nele.

e) Nenhuma das alternativas anteriores.

Interações teóricas

Computações quânticas

1) Pesquise as referências do experimento de Trouton-Nobel e busque identificar suas semelhanças e diferenças com o de Michelson-Morley.

2) Em 1851, Hippolyte Fizeau mediu a velocidade da luz v quando esta se propaga em um tubo cheio de água em movimento. O escoamento da água, com velocidade V, ocorre na mesma direção que a propagação da luz. O resultado obtido pelo pesquisador foi:

$$v = \frac{c}{n} + V\left(1 - \frac{1}{n^2}\right)$$

em que:

- n é o índice de refração da água;
- $V \ll c$.

Demonstre essa expressão.

3) Demonstre que o deslocamento angular das franjas δ_m, medido em termos de número de franjas, é dado por:

$$\delta_m \approx \frac{-(l_1 + l_2)}{\lambda}\beta^2$$

em que:

- λ é o comprimento de onda da luz;
- l_1 e l_2 são os comprimentos dos braços do interferômetro.

Relatório do experimento

1) Assista ao episódio 41 da série *O Universo Mecânico*, o qual trata do experimento de Michelson-Morley, e construa um mapa mental dos eventos descritos relacionando-os às referências utilizadas neste capítulo.

O EXPERIMENTO de Michelson-Morley. **O Universo Mecânico**. Pasadena, CA: PBS, 1985-1986. 27 min. Série documental.

O espaço e o tempo na relatividade especial

3

Primeiras emissões

Depois de abordarmos, no Capítulo 2, o conflito entre a mecânica clássica e o eletromagnetismo, assim como o desenvolvimento da unificação entre o eletromagnetismo e a óptica, concluímos que, no início do século XX, ainda existiam pontos não conciliados entre as duas abordagens.

Apesar de contar com poucas evidências experimentais, o conceito de éter ainda era hegemônico. Na época, existiam algumas diferenças entre determinados experimentos mentais, com a lei de Faraday e a lei da indução apresentando incongruências.

Neste capítulo, analisaremos como a questão da lei de Faraday se torna um problema para a noção de soma de velocidades, ao considerarmos a luz como uma onda causada pela variação dos campos elétricos e magnéticos. Na sequência, examinaremos uma série de postulados fundamentais formulados por Einstein.

3.1 Conflitos entre o eletromagnetismo e a cinemática

Alguns autores argumentam que Einstein concebeu, com 16 anos de idade, um importante experimento mental:

> Se um raio de luz for perseguido a uma velocidade c (velocidade da luz no vácuo), observamos esse

raio de luz como um campo eletromagnético em repouso, embora com oscilação espacial. Entretanto, aparentemente, não existe tal coisa, quer com base na experiência, quer de acordo com as equações de Maxwell. (Einstein, 1982, p. 55)

Podemos perceber que, nesse caso, a discussão volta ao problema da velocidade da onda e da velocidade de grupo na onda. Para as leis de Maxwell, os campos elétricos e magnéticos propagam-se no tempo e no espaço ($\vec{E}(x, t)$ e $\vec{B}(x, t)$) conforme as equações diferenciais do Capítulo 2 (Equações 2.5, 2.6, 2.7 e 2.8). A Figura 3.1 ilustra esse comportamento. Note que ambos os campos são unidimensionais e perpendiculares entre si.

Figura 3.1 – Representação de uma onda eletromagnética propagando-se no tempo e no espaço

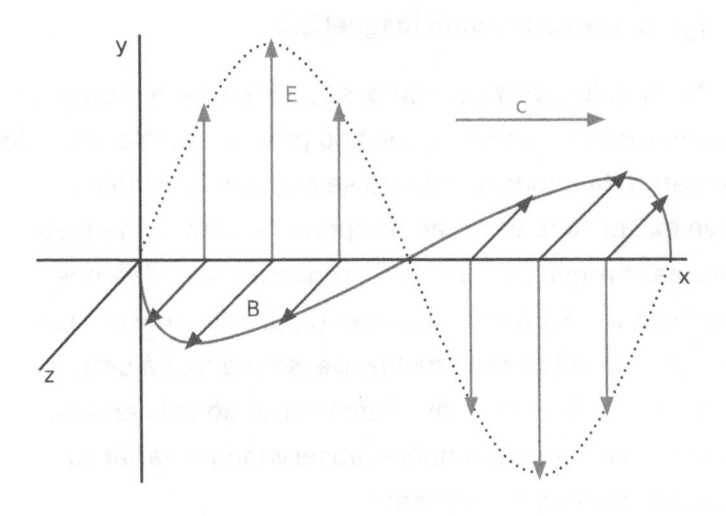

Fonte: Santos; Silveira, 2017, p. 90.

Um observador que se desloca na velocidade da luz *c* percebe dois campos que variam no espaço, mas não no tempo – o que equivale a anular os argumentos da função de onda (Equação 2.24), apresentada na Seção 2.4. Se considerarmos a lei de Faraday-Lenz – segundo a qual, dentro de um circuito fechado, a variação do campo elétrico que percorre o circuito é igual e com sinal contrário à variação do fluxo magnético que passa pelo circuito –, matematicamente, na forma diferencial, obteremos a Equação 3.1.

Equação 3.1

$$\oint \vec{E} \cdot d\vec{l} = \frac{-d\phi_B}{dt}$$

em que:

- ϕ_B é o fluxo do campo magnético.

No circuito *abcd* da Figura 3.2, podemos perceber que a somatória das contribuições do produto escalar do lado esquerdo da Equação 3.1 não se anula, o que indica que deve existir uma variação temporal do campo magnético para essa região. Contudo, a proposta inicial defende que essa variação não deve existir, já que o observador se move na velocidade da luz. Desse modo, há uma incoerência. O mesmo problema surge ao aplicarmos, no plano *xz*, a lei de Ampère, observando a variação espacial do campo magnético.

Figura 3.2 – Aplicação de um circuito para verificação das leis de Maxwell

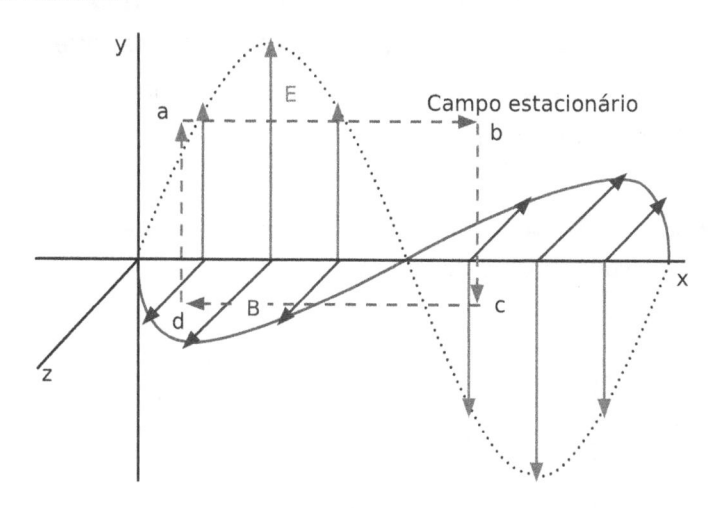

Assim, mesmo que haja um meio, surge um problema nessa forma de pensar a propagação da onda eletromagnética, de modo que outra forma de descrever esses movimentos se torna necessária. Isso fez com que Einstein desenvolvesse dois postulados, que discutiremos na Seção 3.2.

Antes de passarmos à abordagem desses postulados, para mantermos nosso procedimento de discutir a construção do conhecimento dentro de sua dinâmica social, precisamos destacar outra incongruência, que está relacionada à indução eletromagnética analisada de dois pontos de vista.

Rafael T. da Silva e Hugo B. de Carvalho, em artigo intitulado "Indução eletromagnética: análise conceitual e fenomenológica" (2012), demonstram incoerências das leis da indução quando um observador está em movimento ou em repouso. Isso confirma a ideia de Einstein de que não é possível, da maneira escolhida por Lorentz, conciliar a mecânica clássica e o eletromagnetismo.

Figura 3.3 – Configuração da análise da indução a partir do ponto da configuração de Lorentz

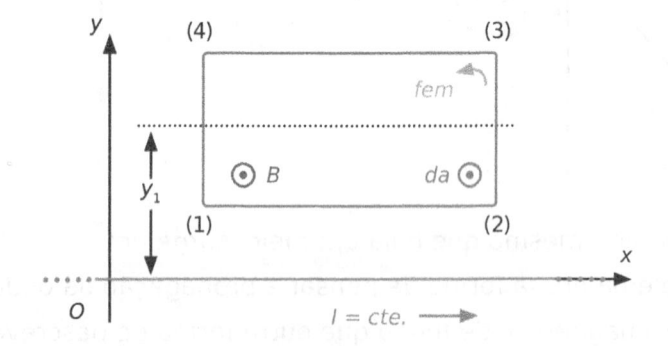

Fonte: Silva; Carvalho, 2012, p. 4314-4.

Silva e Carvalho (2012) apresentam uma espira de dimensões $a \times b$ que se desloca no eixo y com velocidade constante com relação a um fio infinito percorrido por uma corrente elétrica I (Figura 3.3).
No sistema de referência O, detectamos uma indução eletromagnética causada pela corrente I e verificamos que o movimento da espira causa uma variação do fluxo magnético em seu interior. Podemos calcular a força de Lorentz à qual as cargas na espira estão sujeitas.

Figura 3.4 – Caso com sistema de coordenadas diferente sobre a espira

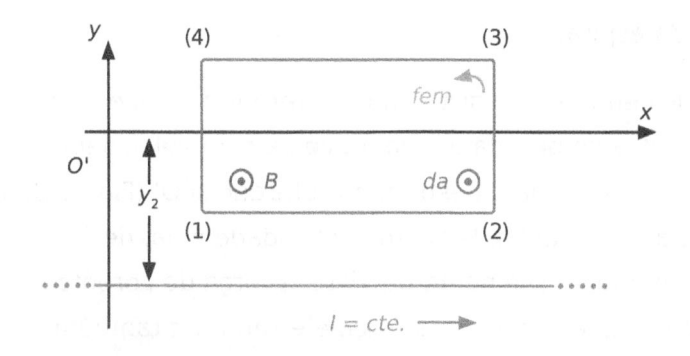

[Figura: espira retangular com vértices (4), (3), (1), (2); campo B saindo, corrente da entrando; eixo y, x com origem O'; distância y_2; indicação fem; $l = cte.$]

Fonte: Silva; Carvalho, 2012, p. 4314-4.

Consideremos o referencial inercial *O*, que se encontra sobre o fio que conduz a corrente. Na situação representada na Figura 3.3, o fio está parado e a espira desloca-se com velocidade constante $\vec{v}_1 = -v\hat{j}$. Em tal configuração, as cargas livres da espira percebem apenas um campo magnético gerado pela corrente no fio condutor. Assim, a força de Lorentz reduz-se a $\vec{F}_L = q(\vec{v} \cdot \vec{B})$. A fem$_L$ induzida na espira é calculada, nessa condição, pela Equação 3.2.

Equação 3.2

$$\text{fem}_L = \oint \frac{\vec{F}_L}{q} \cdot d\vec{s} = \frac{-2\mu_0 l b a v}{\pi\left(4y_1^2 - a^2\right)}$$

em que:

- $\vec{ds}$ é o infinitésimo direcional do segmento de linha da espira.

No entanto, no sistema de referência O', a espira encontra-se parada e o fio move-se com velocidade $\vec{v_2} = -v\hat{j}$. A carga da espira, no referencial O' (Figura 3.4), que a acompanha, tem uma velocidade nula, de modo que, desse ponto de vista, a força de Lorentz e, consequentemente, a força eletromotriz também são nulas.

Essa incongruência será sanada se as componentes perpendiculares dos campos magnético e elétrico forem multiplicadas por um fator correspondente à razão entre as velocidades $\gamma = \dfrac{1}{\sqrt{1 - v^2/c^2}}$, o qual, como veremos a seguir, está relacionado ao fator indicado por FitzGerald.

Contudo, os autores afirmam que esse tipo de incongruência não será encontrado se utilizarmos a formulação de Weber do eletromagnetismo, na qual não há o conceito de campo.

Neste ponto, você, leitor, poderia perguntar: "Se os problemas surgem e desaparecem na física, por que devemos aprender uma teoria tão árida como a da relatividade?".

Com efeito, sem pretender desqualificar a atual formulação da teoria da relatividade – a qual, como observaremos no decorrer deste livro, foi fundamental para os avanços nas tecnologias de partículas, construções nucleares, entre outros –, poderíamos questionar se seria possível obter todos esses avanços com outras formulações.

Essa indagação, contudo, não comporta respostas simples e definitivas. Isso porque a comunidade científica, diante dos desafios com que se confrontou, optou por determinados caminhos. Um dos objetivos deste livro é justamente preparar você para entender, na medida do possível, essas tensões, de modo que possa encontrar caminhos em que sua compreensão do conhecimento seja útil. Mais importante do que ter uma resposta certa e definitiva na ponta da língua é saber propor boas perguntas.

3.2 Os postulados da relatividade restrita: a simultaneidade passa a ser relativa

Albert Einstein é um dos cientistas mais famosos do século XX e, talvez, aquele que mais contribuiu para a popularização da ciência. Provavelmente a grande maioria das pessoas não compreendia suas teorias, mas mesmo assim o admirava (Hollingdale, 1989). Nascido em Ulm, na Alemanha, em 1879, esse renomado físico teve uma formação básica muito boa, embora tenha enfrentado vários percalços pelo fato de não se ajustar aos padrões sociais e educacionais do Império Alemão do final do século XIX.

Ao terminar sua graduação, em 1899 (Hollingdale, 1989), não conseguiu uma posição acadêmica e acabou trabalhando no escritório de patentes de Zurique, na Suíça, onde publicou alguns trabalhos em revistas científicas reconhecidas. O primeiro deles foi um artigo sobre capilaridade publicado, em 1901, na prestigiada revista *Annalen der Physik* (Einstein, 1901), o qual não foi muito citado nem causou grandes repercussões.

No entanto, em 1905, publicou, no mesmo periódico, três trabalhos de grande impacto para a ciência moderna. O primeiro, "Um ponto de vista heurístico sobre a criação e a conservação da luz" (Einstein, 1905b, tradução nossa), referenciado, "de maneira imprecisa, como o artigo do efeito fotoelétrico" (Kleppner, 2004, p. 87) e trata, de forma revolucionária e com base em argumentos simples, da quantização do campo de radiação. Ele apresenta uma ótima descrição de como a luz se transforma em corrente elétrica em alguns materiais.

O artigo seguinte, "Investigações na teoria do movimento browniano" (Einstein, 1905a, tradução nossa), discute aquilo que conhecemos como *movimento de pequenas partículas em meio diluído*, propondo uma inovadora abordagem da estatística e das flutuações térmicas.

Por fim, o artigo que mais nos interessa em nossa discussão é "Sobre a eletrodinâmica dos corpos em movimento" (Einstein, 1905c, tradução nossa).

Nesse trabalho, Einstein sintetizou o problema do eletromagnetismo e o conflito com a mecânica newtoniana, apresentando uma abordagem diferente sem mencionar, em nenhum momento, o conceito de éter. Um problema que surge para os historiadores da ciência e para aqueles que procuram entender as tensões sociais no avanço científico é o fato de Einstein não citar o trabalho de Michelson-Morley. Não podemos afirmar com exatidão se Einstein teve ou não acesso ao trabalho ou se simplesmente não quis citá-lo. Porém, é possível considerar essa ausência como um indicativo de que tal experimento não foi o ponto fundamental para o abandono do conceito de éter e para a construção da teoria da relatividade restrita.

Colisões de átomos

O trabalho de Einstein baseia-se em dois postulados fundamentais, que, didaticamente, apresentamos na ordem a seguir:

1. As leis da física são as mesmas em todos os sistemas de coordenadas que se movem em movimento retilíneo e uniforme relativamente a um outro, ou seja, em todos os referenciais inerciais.
2. A velocidade da luz é a mesma em todos os sistemas de referência e independe do movimento do corpo emissor.

O primeiro postulado configura uma complementação do que estudamos sobre as transformações de Galileu. Enquanto estas indicam que as leis da mecânica são as mesmas para quaisquer referenciais inerciais, aquele pontua que **todas** as leis da física são válidas para esses referenciais, inclusive as do eletromagnetismo.

O segundo postulado estabelece uma diferença em relação ao espaço e ao tempo absolutos propostos por Newton. Na formulação da mecânica clássica, a velocidade é uma grandeza derivada da razão entre o espaço percorrido e o tempo decorrido, podendo assumir qualquer valor. Com a proposição de Einstein, estipula-se um valor específico e absoluto para uma velocidade, de modo que o espaço e o tempo deixam de ser absolutos físicos na natureza.

Para que as implicações desses postulados fiquem mais claras, recorreremos ao clássico exemplo de dois observadores diante de um feixe luminoso. Em nossa exemplificação, Aline e Alfredo são sócios em uma bioindústria de mudas crioulas orgânicas. Alfredo viaja de trem para encontrar Aline, que o aguarda ansiosamente na empresa.

A estação de trem fica mais ao leste do que a empresa dos dois. Eles combinam que Alfredo deve disparar um feixe de luz turquesa no momento em que vir Aline na frente da empresa. A luz desloca-se com a mesma velocidade c no referencial de Alfredo e no de Aline. Dois detectores luminosos *A* e *B* estão posicionados na frente da empresa e dois outros detectores A' e B' estão à mesma distância no trem.

Na Figura 3.5, observamos a completa descrição do evento. No instante em que Aline está de frente para Alfredo, ele lança um feixe luminoso que se propaga esfericamente para todas as direções com a velocidade da luz c. Ela também percebe o feixe se propagando com a velocidade c. Para Aline, a frente de onda do feixe luminoso atinge o detector B antes do detector A e o detector B' antes de A'. No entanto, para Alfredo, os detectores indicam ao mesmo tempo a chegada do feixe luminoso, ou seja, a leitura é simultânea.

Figura 3.5 – Ilustração da relatividade da simultaneidade

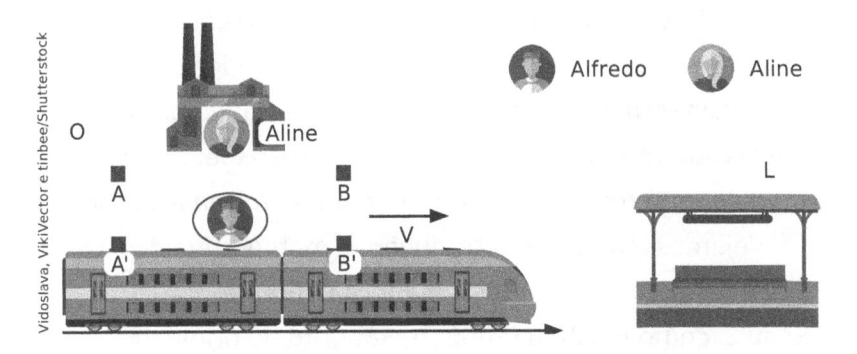

Trata-se de um problema fundamental. Afirmamos, anteriormente, que as leis da física são as mesmas para todos os sistemas de referência que se deslocam com velocidade constante. Nesse exemplo, o fenômeno é percebido diferentemente dependendo do movimento do sistema em que se encontra o observador. Assim, a simultaneidade não se mostra mais um absoluto na natureza, isto é, o que é simultâneo para um observador pode não ser para outro. Dessa forma, há um novo método para definir a simultaneidade de eventos:

> Se um evento 1 ocorre em P_1 no instante t_1, sendo marcado pela emissão de um sinal luminoso que parte de P_1 nesse instante, e o mesmo vale para P_2 em t_2(evento 2), dizemos que estes dois eventos são simultâneos ($t_1 = t_2$) quando o ponto de encontro dos dois sinais luminosos é o ponto médio do segmento $\overline{P_1P_2}$.
> (Nussenzveig, 2003, p. 184)

É interessante notar que, sob essa perspectiva, o instante está atrelado à posição em que o corpo se encontra relativamente a um outro observador em deslocamento. Um evento pode ser simultâneo para um observador e não para outro, pois, na verdade, a própria medida do tempo pode ser entendida de forma arbitrária.

Vejamos, conforme a tradução comemorativa dos 100 anos do *annus mirabilis* elaborada por Peter A. Schulz, como Einstein (2005, p. 38, grifo do original) descreveu essa situação:

> Imaginemos agora muitos relógios em repouso, em relação ao sistema de coordenadas, fixos em diferentes pontos. Esses relógios são equivalentes, ou seja, a diferença entre a leitura de dois deles permanece inalterada se eles estão posicionados como

vizinhos. Pensemos nesses relógios arranjados de tal forma que a totalidade deles, desde que colocados suficientemente perto uns dos outros, permite a medida do tempo de qualquer evento pontual, por meio, digamos, do uso do relógio vizinho.

No entanto, o conjunto de leituras desses relógios não nos fornece ainda um "tempo", como necessário para as finalidades da física. Para isso necessitamos ainda de uma regra de acordo com a qual esses relógios são ajustados uns em relação aos outros.

Agora assumiremos **que os relógios podem ser ajustados de tal modo que a velocidade de propagação de qualquer feixe de luz no vácuo – medido por meio desses relógios – seja em qualquer lugar igual a uma constante universal c**, desde que o sistema de coordenadas não seja acelerado. Sejam A e B dois pontos em repouso, relativamente ao sistema de coordenadas, equipados com relógios e separados por uma distância r: se t_A é a leitura do relógio em A no momento em que o feixe de luz propagando [sic] no vácuo na direção AB alcança o ponto A e t_B é a leitura do relógio em B no momento que o feixe alcança B, então devemos ter sempre

$$\frac{r}{t_B - t_A} = c,$$

independentemente do movimento da fonte de emissão da luz ou do movimento de qualquer outro corpo.

Neste ponto, precisamos estabelecer um conjunto de equações que relacione as posições entre o sistema em movimento e o sistema em repouso. Para isso, devemos lembrar que o sistema de equações escrito por Galileu era dado conforme as Equações 3.3, 3.4, 3.5 e 3.6.

Figura 3.6 – Relação entre dois sistemas de referência, um em repouso e outro em movimento retilíneo e uniforme

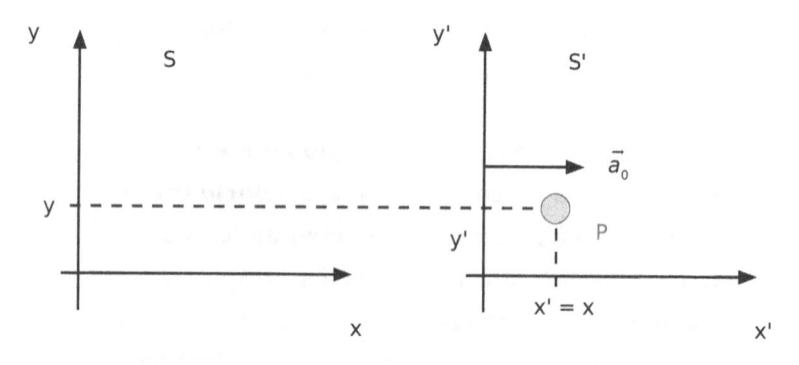

Equação 3.3

$$x' = x - Vt$$

Equação 3.4

$$y' = y$$

Equação 3.5

$$z' = z$$

Equação 3.6

$$t' = t$$

Dessas equações, três têm a forma de uma transformação linear, ou seja, existem constantes *a*, *b* e *d* que, se multiplicadas por elas, ainda serão solução para as transformações (Equações 3.7, 3.8 e 3.9).

Equação 3.7

$$x' = a(x - Vt)$$

Equação 3.8

$$y' = by$$

Equação 3.9

$$z' = dz$$

Observando a Figura 3.6, é interessante considerarmos primeiro apenas os eventos que estão localizados no eixo *x*. Eventos desse tipo podem ser especificados pelas coordenadas (x, t) em relação ao referencial *S* e pelas coordenadas (x', t') em relação ao referencial *S'*; para a descrição do movimento, as demais coordenadas podem ser ignoradas. Imaginemos um sinal luminoso que se propaga na direção do eixo *x* no sentido positivo e é transmitido em relação ao sistema *S* de acordo com a equação x − ct = 0; este é também transmitido com relação a *S'* de acordo com a equação $x' - ct' = 0$. Ambas as equações estão satisfeitas desde que em consonância com a Equação 3.10.

Equação 3.10

$$x' - ct' = \lambda(x - ct)$$

em que:

- λ é uma constante arbitrária.

Realizando a mesma consideração para o feixe luminoso transmitido ao longo da direção negativa do eixo *x*, obtemos a Equação 3.11.

Equação 3.11

$$x' + ct' = \mu(x + ct)$$

Somando e rearranjando as Equações 3.10 e 3.11, adotando as constantes *a*, definida como $a = \frac{1}{2}(\lambda + \mu)$, e *b*, definida como $b = \frac{1}{2}(\lambda - \mu)$, e reescrevendo μ e λ em termos dessas constantes, obtemos as Equações 3.12 e 3.13.

Equação 3.12

$$x' = ax - bct$$

Equação 3.13

$$ct' = act - bx$$

Vamos, agora, determinar as constantes *a* e *b*. Na origem do sistema de referência S', $x' = 0$ e, então, com base na Equação 3.12, $x = \left(\dfrac{bc}{a}\right)t$. Assim, podemos encontrar uma relação com a velocidade de propagação do referencial S', $v = \dfrac{bc}{a}$, pois este se propaga com velocidade constante. Isso nos leva às Equações 3.14 e 3.15.

Equação 3.14

$$x' = a(x - vt)$$

Equação 3.15

$$t' = a\left[t - \left(\dfrac{vx}{c^2}\right)\right]$$

Desse modo, as Equações 3.14 e 3.15 satisfazem a imposição inicial do sistema de equações de 3.7 a 3.9. Note algo muito interessante: os instantes no referencial em movimento dependem da posição do referencial em repouso.

Para prosseguirmos, devemos determinar a constante *a*. Com essa finalidade, usaremos o segundo postulado de Einstein, também conhecido como *princípio da relatividade restrita*, segundo o qual, visto do sistema de referência S, o comprimento de uma escala unitária em repouso em relação ao sistema de referência S' deve ser exatamente igual ao comprimento, visto do sistema de referência S, de outra escala unitária em repouso em relação ao sistema de referência S. Para verificarmos como um ponto no eixo x' aparece quando visto no sistema de referência S, podemos tirar um instantâneo de S' a partir de S, a qualquer momento, digamos t = 0. Considerando a Equação 3.14, com essa situação, obtemos x' = ax. Dois pontos no eixo x' separados por distância unitária, quando medidos no sistema de referência S', são, portanto, separados, em nosso instantâneo, por uma distância d, calculada na Equação 3.16.

Equação 3.16

$$d = \frac{1}{a}$$

pois d' = 1 (distância unitária).

Se tirarmos o instantâneo do sistema de referência S' em t' = 0, descobriremos, ao eliminar t das Equações 3.14 e 3.15, que $x' = a\left[1 - \left(\frac{v^2}{c^2}\right)\right]x$.

Portanto, dois pontos no eixo x definem uma distância unitária no sistema de referência K correspondente, em um instante qualquer, a uma distância d', calculada pela Equação 3.17.

Equação 3.17

$$d' = a\left[1 - \left(\frac{v^2}{c^2}\right)\right]$$

Os instantâneos devem ser idênticos entre si; portanto, *d*, na Equação 3.16, deve ser igual a *d'*, na Equação 3.17. Isso gera a Equação 3.18.

Equação 3.18

$$a^2 = \frac{1}{\left[1 - \left(\frac{v^2}{c^2}\right)\right]}$$

A inserção desse valor de *a* nas Equações 3.14 e 3.15 fornece a primeira e a quarta das equações de transformação de Lorentz, expostas no Capítulo 2 (Equações de 2.31 a 2.34) e reproduzidas nas Equações de 3.19 a 3.21, considerando-se $\gamma = \sqrt{\frac{1}{\left[1 - \left(\frac{v^2}{c^2}\right)\right]}}$, expressão conhecida como *fator de Lorentz*.

Equação 3.19

$$x' = \gamma(x - vt)$$

Equação 3.20

$$y' = y$$

Equação 3.21

$$z' = z$$

Equação 3.22

$$t' = \gamma\left(t - \frac{v}{c^2}x\right)$$

O argumento pode ser claramente estendido para lidar com eventos que não ocorrem no eixo *x*. Adicionando as Equações 3.20 e 3.21, temos o conjunto completo das equações de transformação.

Neste ponto, precisamos definir alguns aspectos de comunicação. A relatividade de Einstein que está **restrita** ao caso **especial** em que o sistema de referência se encontra em movimento retilíneo e uniforme é denominada *relatividade restrita* ou *relatividade especial*. Em português brasileiro, utilizamos com frequência o primeiro termo, enquanto em textos em outros idiomas, o segundo é mais comum; ambos, porém, estão corretos.

Note que Einstein obtém as transformações de Lorentz sem considerar a existência do éter. Trata-se de um ponto fundamental na construção de sua teoria. Podemos obter esse conjunto de equações por outras considerações. Nas palavras de Einstein, "Como a propagação da velocidade da luz no espaço vazio é c em relação a ambos os referenciais, as duas equações [...] [Equações 3.23 e 3.24] têm que ser equivalentes" (Einstein, 2005, p. 40).

Equação 3.23

$$x^2 + y^2 + z^2 = c^2t^2$$

Equação 3.24

$$x'^2 + y'^2 + z'^2 = c^2t'^2$$

Com as transformações de Lorentz, torna-se possível obter a regra da soma das velocidades entre esses dois sistemas de referência e compará-la com a regra da soma das velocidades de Galileu.

A velocidade instantânea $\vec{v}(t')$ de uma partícula em S' tem as seguintes componentes:

$$v'_x = \frac{dx'}{dt'}, \; v'_y = \frac{dy'}{dt'}, \; v'_z = \frac{dz'}{dt'}$$

Usando nosso conhecimento prévio de cálculo, devemos diferenciar as relações de Lorentz, de modo a obter as Equações 3.25, 3.26, 3.27 e 3.28.

Equação 3.25

$$dx' = \gamma(dx - vdt)$$

Equação 3.26

$$dy' = dy$$

Equação 3.27

$$dz' = dz$$

Equação 3.28

$$dt' = \gamma\left(dt - \frac{v}{c^2}dx\right)$$

Empregando, com a devida cautela, a diferenciação na obtenção das derivadas, podemos chegar às Equações 3.29, 3.30 e 3.31, conjunto conhecido como *regra da soma das velocidades de Einstein*. Considere que $\beta = \frac{v}{c}$.

Equação 3.29

$$v'_x = \frac{v_x - v}{\left(1 - \frac{v_x v}{c^2}\right)}$$

Equação 3.30

$$v'_y = \frac{\sqrt{1-\beta^2}\, v_y}{\left(1 - \frac{v_x v}{c^2}\right)}$$

Equação 3.31

$$v'_z = \frac{\sqrt{1-\beta^2}\, v_z}{\left(1 - \frac{v_x v}{c^2}\right)}$$

Para o caso limite em que a velocidade da luz é muito maior do que a velocidade com que o sistema de referência se desloca, a regra da soma das velocidades de Einstein se reduz à regra da soma das velocidades de Galileu. Como discutimos no Capítulo 2, a velocidade da luz apresenta um valor muito maior do que o de todas as velocidades que encontramos no dia a dia. Isso explica por que a representação de Galileu é tão apropriada para nossos resultados no cotidiano.

3.3 Os diagramas de Minkowski: um sistema para representar o espaço em quatro dimensões

Obtivemos a expressão das transformações de Lorentz por meio dos princípios da relatividade, sem a necessidade de usar o conceito de éter. Esse é o nascimento efetivo da teoria da relatividade restrita.

Para darmos continuidade aos estudos desse campo da física, apresentaremos uma ferramenta muito conhecida para descrever os fenômenos da localidade e as medidas em uma nova grandeza, abordada na sequência: o espaço-tempo.

Trata-se de uma ferramenta matemática conhecida como *diagramas de Minkowski*, a qual foi aprimorada por Hermann Minkowski, matemático alemão que não apenas foi contemporâneo de Einstein, como também foi um de seus professores na Suíça (Hollingdale, 1989).

Imaginemos que um indivíduo flutua pelo espaço a uma velocidade constante relativa a qualquer outro ponto de um referencial inicial S. Nesse sistema, o deslocamento acontece apenas em uma dimensão, que denominaremos de x, a fim de simplificar nossa discussão. Em um diagrama, colocamos o tempo no eixo vertical e a posição do indivíduo no eixo horizontal (Figura 3.7).

A escala no eixo x é multiplicada por 10^8 m, o que nos permite entender que cada número nesse eixo é um múltiplo inteiro aproximado, com boa precisão, da velocidade da luz ($c = 3 \cdot 10^8$ m/s).

Figura 3.7 – Diagrama espaço-tempo de Minkowski em uma dimensão

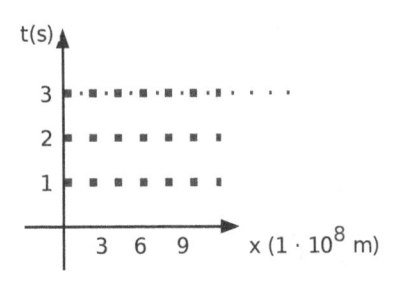

```
t(s)
 3  ▪ ▪ ▪ ▪ ▪ ▪ ▪ ▪ ▪ ▪ · · ·
 2  ▪ ▪ ▪ ▪ ▪ ▪ ▪
 1  ▪ ▪ ▪ ▪ ▪ ▪ ▪
    ───────────────────────▶
      3   6   9    x (1 · 10⁸ m)
```

A princípio, vamos pensar na posição do indivíduo em função do tempo no ponto de referência dele. No instante inicial (t = 0), ele está na origem do sistema de referência. Consideremos, ainda, que ele está em repouso e não sai dessa posição, o que nos leva a pensar em uma reta paralela ao eixo do tempo.

Vamos supor que o indivíduo, no instante inicial, liga uma lanterna e emite um feixe de luz. Como sabemos que a velocidade desse feixe é constante, verificamos que sua trajetória no diagrama (Figura 3.8) é descrita por uma linha reta diagonal, cujo ângulo com o eixo da posição corresponde a 45°.

Figura 3.8 – Trajetória do feixe luminoso no diagrama espaço-tempo

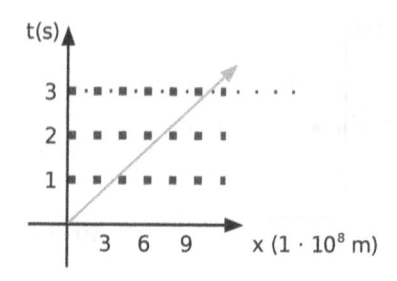

[Gráfico: eixo vertical t(s) com marcas em 1, 2, 3; eixo horizontal x (1·10⁸ m) com marcas em 3, 6, 9; reta diagonal partindo da origem]

Na sequência, vamos supor que outra pessoa (M2) se desloca em uma nave com metade da velocidade da luz na direção positiva do eixo x e passa pelo indivíduo (I1) no instante inicial. Como a velocidade de M2 é constante, seu sistema de referência é um sistema inercial – lembremos que as leis da física são todas as mesmas em sistemas desse tipo. Nesse caso, a única particularidade é o fato de ele deslocar-se a uma velocidade específica bem alta.

É relativamente fácil observar que a reta tracejada na Figura 3.9 representa a posição descrita pela nave. Podemos pensar que o tempo transcorrido na nave pode ser diferente; por essa razão, utilizaremos a indicação t' na reta tracejada, mais inclinada do que a reta amarela.

Figura 3.9 – Representação da nave e do feixe de luz no diagrama de Minkowski

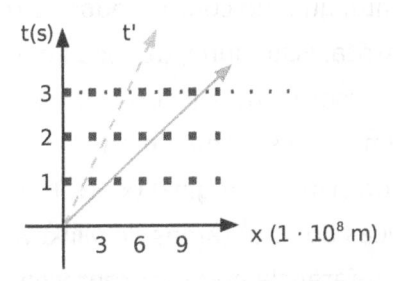

Imaginemos, então, um terceiro personagem (M3), que se encontra também à metade da velocidade da luz, mas que, no seu instante inicial, se encontra na posição $x = 3 \cdot 10^8$ m. Para M2, M3 parece imóvel, já que ambos se deslocam com a mesma velocidade. Contudo, suas representações no diagrama são diferentes, sendo a seta preta cheia paralela à tracejada.

Figura 3.10 – Diagrama de Minkowski com a inserção de um terceiro elemento

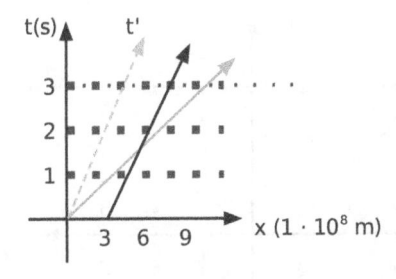

Assim, inserimos outro sistema de referência que, com base em nossa discussão do Capítulo 1, é um sistema de

referência inercial, em que as leis de Newton são válidas. Sabemos que, para sistemas desse tipo, os instantes são iguais. No entanto, quando considerados os resultados da relatividade restrita, isso muda, de modo que os tempos não são iguais. Observando a Figura 3.10, verificamos que a inserção de um outro sistema de referência se assemelha a uma rotação do sistema original (x · t). Trata-se de uma das características dos diagramas de Minkowski: a inserção de sistemas de referência pode ser representada por rotações.

Generalizando as ideias apresentadas, vemos que é possível representar os diagramas de Minkowski por meio de gráficos normalizados pela velocidade da luz, como um gráfico bidimensional no espaço. Dessa forma, o tempo e o espaço são representados como uma única coordenada denominada *espaço-tempo*.

Figura 3.11 – Representação do diagrama de Minkowski no espaço-tempo

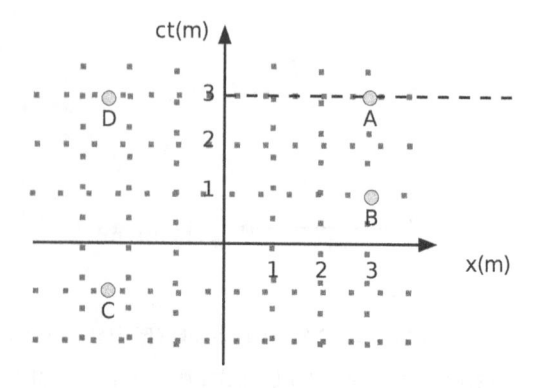

No diagrama espaço-tempo da Figura 3.11, podemos verificar algumas informações sobre os eventos A, B, C e D:

- A e B acontecem simultaneamente em lugares distintos.
- A e D ocorrem no mesmo lugar x = 2m, embora em instantes diferentes.
- Podemos afirmar que C ocorreu no passado (ct = 0 é o presente), já que ct = –1m para esse evento.

Como observamos, outra informação pertinente que pode ser inserida no diagrama espaço-tempo é a trajetória de uma partícula (sua posição em vários instantes), conhecida como *linha universo da partícula*. Nesse sentido, a Figura 3.12 representa as velocidades supostas constantes de quatro partículas em ct = 0 em um dado referencial. A magnitude dessas velocidades é informada pelo comprimento do vetor (seta); logo, as partículas *b* e *c* têm magnitudes e direções de velocidade iguais, mas sentidos opostos. Da mesma forma, a partícula *c* apresenta a mesma direção que a partícula *d*, mas intensidade menor. A Figura 3.13 indica as linhas de universo de cada partícula, com base na posição $x = v_{part} t$ para cada uma das quatro.

Figura 3.12 – Representação das velocidades de quatro partículas

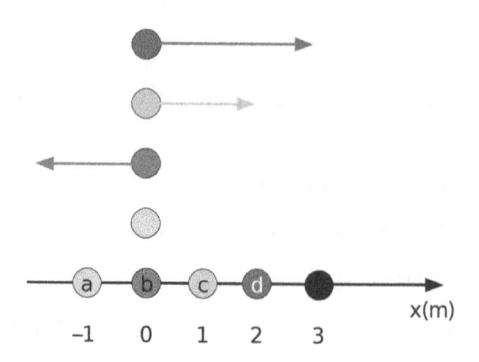

Figura 3.13 – Representação das linhas de universo das quatro partículas

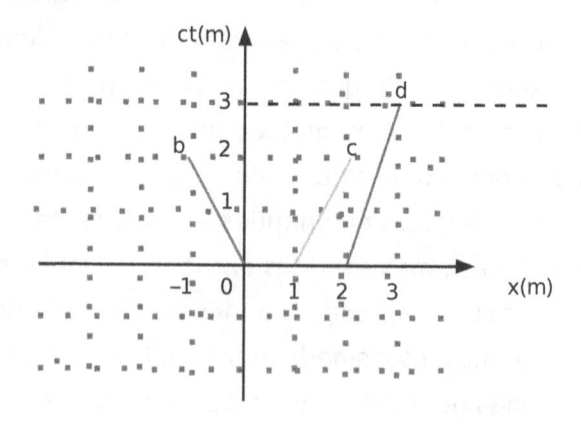

Caso as velocidades das partículas não fossem constantes, as linhas de universo seriam curvas, mas seguiriam o mesmo raciocínio utilizado na Figura 3.13.

Voltaremos a discutir os diagramas de Minkowski quando tratarmos da teoria da relatividade geral (TRG).

3.4 A dilatação do tempo

Na discussão sobre o movimento traçada no Capítulo 1, definimos que o espaço e o tempo são grandezas absolutas e que a velocidade é a razão entre variações dessas grandezas, podendo, pois, assumir qualquer valor. Precisamos rever essa proposição. Existe uma velocidade cujo valor é o mesmo para qualquer sistema de referência, tornando-se, portanto, o novo absoluto. Assim se configura um ponto importante da filosofia da física, porque, com essa perspectiva, as variações de espaço e tempo deixam de ser absolutas e, necessariamente, devem apresentar uma relação entre si. Se uma dessas grandezas se dilatar, a outra deverá contrair-se para que a razão entre elas permaneça a mesma.

Essa discussão retoma aquelas realizadas por FitzGerald no final do século XIX. Vamos usar uma manipulação matemática a fim de verificar se a variação de um intervalo de tempo dilata ou contrai. Para tanto, mobilizaremos um clássico exemplo: um trem desloca-se em uma velocidade v; pendurada em seu teto, uma lanterna projeta um feixe luminoso em um espelho, posicionado no solo, que o reflete. Na Figura 3.14, há uma representação gráfica dessa situação, com a distância l indicando a altura do trem. Note que podemos observar, instante a instante, o comportamento da trajetória do feixe luminoso.

Como dois observadores, um dentro e outro fora do veículo, percebem esse evento?

Figura 3.14 – Trem deslocando-se com espelho no chão e lanterna no teto para ilustrar o comportamento do tempo

Vamos considerar que, dentro do sistema de referência do trem, o observador mede um intervalo de tempo $\Delta t'$, referente ao período em que o feixe luminoso parte do teto e atinge o espelho. Sabemos que, tanto dentro quanto fora do trem, a velocidade da luz é a mesma. Assim, obtemos a Equação 3.32.

Equação 3.32

$$\Delta t' = \frac{2l}{c}$$

Já o observador que está fora do trem vê uma trajetória diferente. O feixe luminoso parece realizar uma linha reta diagonal, conforme mostra a Figura 3.15. A distância x pode ser obtida facilmente pela Equação 3.33, levando-se em conta que o trem se desloca com velocidade constante.

Figura 3.15 – Representação da trajetória de um feixe luminoso visto por um observador fora do trem

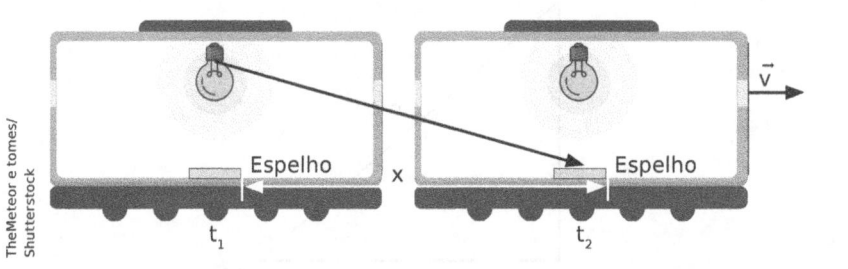

Equação 3.33

$$x = v(t_2 - t_1) = v\Delta t$$

Na Equação 3.33, *v* é o módulo da velocidade do trem, e o intervalo Δt é o tempo no referencial do observador imóvel. O feixe de luz, nessa situação, forma um triângulo retângulo conforme a Figura 3.16. Talvez você se pergunte: "Por que a hipotenusa desse triângulo retângulo é expressa por $c\Delta t$?". A resposta a essa questão reside no fato de que o observador externo, mesmo estando em um referencial no qual a medida do tempo é Δt, também vê a luz propagar-se com velocidade *c*.

Figura 3.16 – Triângulo retângulo formado pelo feixe luminoso observado pelo lado de fora do trem

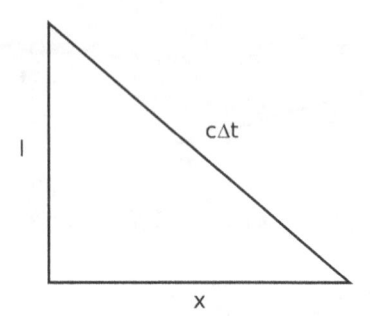

[Figura: triângulo retângulo com cateto vertical l, cateto horizontal x e hipotenusa cΔt]

Aplicando o teorema de Pitágoras, obtemos a Equação 3.34 para as distâncias representadas na Figura 3.16.

Equação 3.34

$$c^2 \Delta t^2 = l^2 + x^2$$

Combinando as Equações 3.32, 3.33 e 3.34, encontramos a relação expressa na Equação 3.35.

Equação 3.35

$$c^2 \Delta t^2 = c^2 \Delta t'^2 + v^2 \Delta t^2$$

Com algumas manipulações, é fácil obtermos a expressão entre o intervalo de tempo no referencial em movimento e no referencial imóvel (Equação 3.36).

Equação 3.36

$$\Delta t' = \sqrt{1 - \frac{v^2}{c^2}} \Delta t$$

Colisões de átomos

Comparado ao intervalo $\Delta t'$, o intervalo Δt é dilatado. Assim, o viajante ($\Delta t'$) sempre vê o tempo dos outros referenciais dilatados, de modo que o tempo passa mais devagar para o indivíduo em movimento do que para aquele em repouso.

Assim como na discussão sobre a simultaneidade, em que o indivíduo pode estar morto em um referencial e vivo em outro, a questão da passagem do tempo deve ser entendida do ponto de vista da matematização do que podemos detectar e da natureza.

No atual estágio de desenvolvimento da ciência humana, podemos perceber que o tempo passa de maneira distinta para partículas subatômicas e para sinais de satélites em diferentes partes do globo. No entanto, ainda não somos capazes de entender o que ocorre com a consciência ou a biologia de seres vivos nessas condições. Em se tratando da mente humana, portanto, qualquer tentativa de utilizar esse resultado como um instrumento não passa de pura especulação.

Einstein (citado por Masi, 2019, p. 18) teria dito que "O tempo é uma ilusão". Embora essa afirmação seja muito semelhante a algumas proposições da sabedoria oriental, tentativas de usar esses resultados como meios de validação de concepções de mundo também são ilusórias.

O conceito de tempo consiste em uma abstração diretamente atrelada à relação que estabelecemos entre os indivíduos e suas percepções. Talvez os efeitos biológicos funcionem como os físicos, porém, no momento, não existem pesquisas científicas que sustentem essa hipótese.

Assim como o tempo, os lugares são influenciados por nossa percepção. De modo análogo, a velocidade da luz, como novo absoluto, altera também nossos conceitos de espaço, como observaremos na Seção 3.5, a seguir.

3.5 A contração do espaço

Uma vez que a velocidade da luz é constante para todos os observadores, para um sistema de referência em movimento retilíneo e uniforme, o intervalo de tempo parece dilatado. Vamos pensar essa questão considerando, em vez do tempo, um comprimento observado por indivíduos em sistemas de referência em movimento e em repouso.

Com as transformações de Lorentz, temos a descrição das posições de objetos, em um sistema em movimento, em função de sua velocidade de translação e das coordenadas de um sistema imóvel. Usando as Equações 3.19 e 3.22, vamos ressignificar uma medida de comprimento.

Qualquer medida é realizada em relação a uma escala que atribui valores aos extremos de determinados objetos. Na Figura 3.17, verificamos um *modem* de internet em uma caixa, nosso sistema de referência S', que se desloca com velocidade vetorial $\vec{v}$ constante no tempo.

Figura 3.17 – Medida de um *modem* em um sistema de referência em movimento

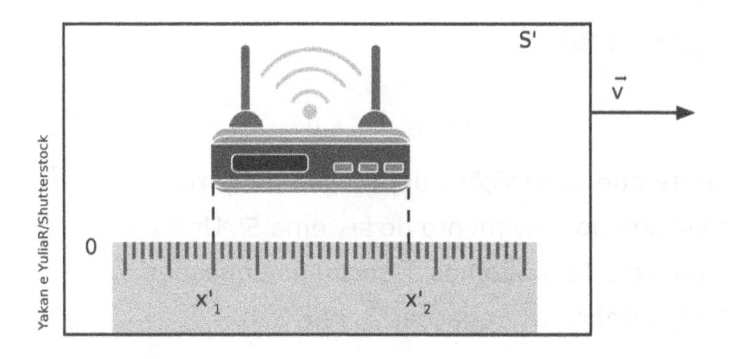

Vamos definir *valor próprio* como o valor de uma grandeza medida no referencial, em repouso, no qual o objeto está posicionado. O comprimento do modem l_0 será então calculado pela Equação 3.37.

Equação 3.37

$$l_0 \equiv x'_2 - x'_1$$

Talvez você se pergunte qual é a razão dessa ordem na diferença. Isso ocorre porque a origem da régua, no sistema de referência S', está à esquerda de 1.

Imaginemos que esse mesmo comprimento é visto como l por um observador que se encontra em outro sistema de referência S, em repouso em relação à S'. Como podemos escrever um comprimento em função do outro e sua relação com a velocidade $\vec{v}$?

Para respondermos a essa pergunta, vamos escrever l em termos das posições que o observador em S detecta em seu sistema de referência com uma régua, conforme a Equação 3.38.

Equação 3.38

$$l \equiv x_2(t) - x_1(t)$$

Note que as posições dependem do tempo, em virtude do movimento do sistema S'. Usando a Equação 3.19, podemos associar as Equações 3.37 e 3.38, obtendo as Equações 3.39 e 3.40.

Equação 3.39

$$x'_1(t) = \gamma(x_1 - vt)$$

Equação 3.40

$$x'_2(t) = \gamma(x_2 - vt)$$

Nesse sistema de duas equações, a velocidade v é o módulo da velocidade do sistema de referência $v = |\vec{v}|$. Subtraindo a Equação 3.40 da 3.39 e associando as Equações 3.37 e 3.38, encontramos as Equações 3.41 e, consequentemente, 3.42.

Equação 3.41

$$l_0 = \gamma l$$

Equação 3.42

$$l = \sqrt{1-\beta^2}\, l_0$$

Trata-se exatamente do raciocínio que FitzGerald sugeriu para explicar o resultado negativo do experimento de Michelson-Morley. Isso nos indica que o *modem* parece menor para o observador imóvel do que para aquele posicionado no sistema de referência S'.

Tal resultado pode parecer, em um primeiro momento, uma forma de obter vantagem em medidas de ferramentas ou negócios imobiliários; no entanto, essa contração é extremamente pequena nas velocidades do dia a dia.

Veremos que, para algumas situações envolvendo partículas elementares, esses resultados são significativos.

> **Conhecimento quântico**
>
> Caso você deseje saber como seria a contração para um corpo em três dimensões que se desloca, em um sistema de referência com velocidade constante, somente na direção paralela ao seu comprimento, recomendamos a leitura do quarto volume do *Curso de física básica*, do professor Herch Moysés Nussenzveig, que se aprofunda nessa questão.
>
> NUSSENZVEIG, H. M. **Curso de física básica**. São Paulo: E. Blücher, 2003. v. 4: Física moderna e óptica.

3.6 Intervalos no espaço: tempo e causalidade

Neste capítulo, vimos que os intervalos de tempo e os comprimentos são alterados pelo movimento dos sistemas de referência para velocidades próximas às da luz. Contudo, devemos retornar à nossa velha discussão sobre grandezas invariantes por translações. Como, neste ponto de nosso estudo, deixamos de considerar espaço e tempo como absolutos, podemos pensar se há outras grandezas absolutas além da velocidade da luz.

Nesse sentido, uma forte candidata seria a relação entre o espaço e o tempo, chamada *intervalo espaço-tempo*, pois, como observamos nos diagramas de Minkowski, essas duas grandezas são, na verdade, a mesma dimensão abordada de formas diferentes.

Imaginemos dois eventos quaisquer P_1 e P_2 que ocorrem nos "pontos do espaço-tempo", os quais chamaremos de $P_1(x_1t_1)$ e $P_2(x_2t_2)$ em relação a um dado referencial S. Podemos definir que o evento P_1 será a origem de nosso sistema de coordenadas. Nossa notação indica que os eventos são funções das posições de espaço e tempo.

Nessa construção teórica, o espaço e o tempo são grandezas relativas e, se adotarmos outro sistema de referência S' que se desloque com velocidade constante, serão diferentes. Essa diferença será cada vez mais perceptível conforme a intensidade da velocidade se aproximar à da luz.

No entanto, podemos pensar em uma medida que considere os eventos P_1 e P_2 como um intervalo bidimensional, a qual designaremos como $S_{1,2}$. Assim, é possível escrever a Equação 3.43.

Equação 3.43

$$S_{1,2}^2 = (x_2 - x_1)^2 - c^2(t_2 - t_1)^2$$

Talvez o leitor atento questione a presença do sinal negativo na Equação 3.43, diferenciando-se do teorema de Pitágoras. Entretanto, para facilitar a compreensão neste momento, precisamos retomar a Equação 3.23 e imaginar que queremos uma grandeza que considere a propagação do pulso luminoso. Assumindo nossa definição de que o evento P_1 está na origem do sistema de coordenadas, chegamos à Equação 3.44.

Equação 3.44

$$S_{1,2}^2 = x^2 - c^2 t^2$$

Neste momento, é importante notarmos que esse resultado pode ser extrapolado para o caso tridimensional. Se utilizarmos as transformações de Lorentz na Equação 3.44, perceberemos que esta não altera sua forma, ou seja, é invariante. A grandeza descrita nesse caso é conhecida como *quadrado do intervalo espaço-tempo entre dois eventos*.

Podemos classificar a natureza do intervalo espaço-tempo com base no sinal de seu quadrado. É possível que um quadrado com sinal negativo ou mesmo nulo nos surpreenda, porém, pela construção matemática da Equação 3.44, o que é totalmente plausível.

Em casos com $S_{1,2}^2$ menor do que zero, o produto da diferença temporal é maior do que o da diferença espacial. Em outras palavras, a distância entre os dois eventos (diferença temporal) é menor do que a distância percorrida por um sinal luminoso durante o intervalo de tempo que os separa. Isso implica a possibilidade de enviar um sinal de um evento ao outro.

Neste ponto, devemos retornar à ideia de instante próprio, análogo ao valor próprio do comprimento, discutido ao tratarmos da contração do espaço. Podemos afirmar, em relação ao referencial em que foram observados os eventos, que um evento é a causa do outro. Se o instante próprio τ é dado por $\tau > \frac{|x|}{c}$, então, o evento P_2 ocorre depois de P_1 e pode ser causado por ele. Outro caso compreenderia $\tau > \frac{-|x|}{c}$, possibilitando que P_1 fosse causado por P_2.

Vamos pensar no observador imóvel que percebe S se deslocando com velocidade v < c na direção x e associar o instante próprio com seu instante τ', por meio das transformações de Lorentz, de modo a obter a Equação 3.45.

Equação 3.45

$$\tau' = \gamma\left(\tau - \frac{vx}{c^2}\right)$$

O instante τ deve estar entre os dois casos citados, de maneira que possamos encontrar $\left|\frac{vx}{c^2}\right| \leq \beta|\tau|$. No dia a dia, percebemos que $\beta < 1$ e sabemos que $\tau > 0$ implica $\tau' > 0$ e $\tau < 0$ acarreta $\tau' < 0$.

Dessa forma, na primeira situação, P_2 ocorre depois de P_1, em qualquer referencial com $\beta < 1$. Existe uma nomenclatura para essa situação: P_2 está no *futuro absoluto* de P_1, o que nos fornece a informação de que P_1 pode causar P_2. Na segunda situação, P_2 ocorre antes de P_1 em qualquer referencial com velocidade de translação menor do que a da luz.

Este é um momento importantíssimo para pensarmos no significado de c. Conforme observamos, por meio da interpretação do intervalo espaço-tempo, podemos criar condições para indicar a plausibilidade de ocorrência de um par de eventos para dois observadores em diferentes situações. Desse modo, c consiste na velocidade limite de propagação de qualquer sinal e de movimento de qualquer referencial. Se essa condição não for respeitada, poderemos ter um caso em que a sucessão de causa e efeito se inverta dependendo do referencial. Essa situação seria como quebrar uma xícara antes mesmo de fabricá-la!

A primeira situação que examinamos, $S_{1,2}^2 < 0$, é classificada como uma *situação do tipo tempo*. Já o caso $S_{1,2}^2 > 0$ configura uma situação do tipo espaço. Observe que a contribuição da diferença espacial entre os eventos é maior do que a da transmissão do sinal entre eles. Por fim, $S_{1,2}^2 = 0$ corresponde a uma situação do tipo luz entre dois eventos, ou seja, eles estão separados espacialmente por um sinal luminoso.

Nesta seção, apresentamos o quanto a teoria da relatividade se tornou poderosa, possibilitando previsões bastante significativas sobre a construção da realidade. Entretanto, para que a teoria possa ser aceita, além das explicações sobre a natureza, ela precisa apresentar previsões que sejam observadas experimentalmente. No próximo capítulo, discutiremos esses resultados e suas implicações.

Radiação residual

- A relação entre as posições de objetos, em dois sistemas de referência, pode ser obtida de maneira mais precisa por meio das transformações de Lorentz.
- As transformações de Lorentz podem ser obtidas por meio dos dois postulados de Einstein, sem nenhuma menção ao éter luminífero.
- As imposições dos postulados de Einstein levam aos resultados de contração do espaço e dilatação do tempo.
- Para manter a consistência entre um par de eventos que ocorre em dois referenciais em deslocamento, é necessário assumir a velocidade da luz como a velocidade limite de transmissão de informação no universo observado.

Testes quânticos

1) A Figura A, a seguir, mostra um circuito elétrico RC (resistor e capacitor) fixado em um retângulo de linhas tracejadas, designado *sistema de referência S*, em dois momentos distintos, A e B. No instante A, o circuito está com a chave desligada sem que flua corrente por ele; já em B, a chave é ligada e a corrente flui. Além disso, verifica-se um sistema S', fixado em um retângulo de linhas contínuas, no qual repousa uma espira E, deslocando-se, para a direita, com velocidade $\vec{v}$.

Figura A – Circuito elétrico RC em dois momentos distintos no sistema de referência S e espira E em movimento no sistema de referência S'

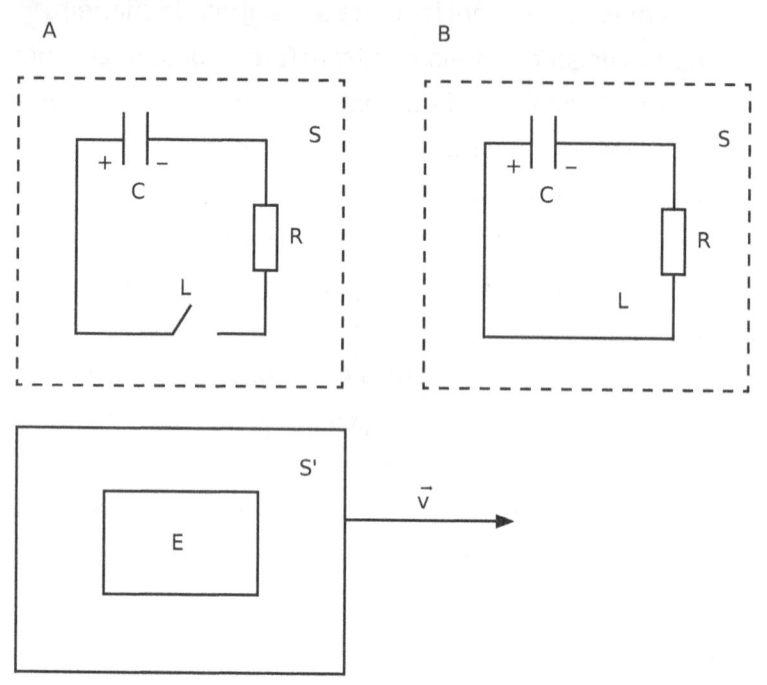

Diante desse cenário, relacione as situações listadas a seguir com os respectivos eventos:

1. Instante A observado em S'
2. Instante B observado em S'
3. Instante A observado em S
4. Instante B observado em S'

( ) Campo elétrico constante entre as placas do capacitor C.

( ) Cargas elétricas deslocando-se para a esquerda e causando uma corrente no espaço.

( ) Campo magnético, saindo do plano de S, causado pela corrente elétrica do capacitor descarregando.

( ) Surge em E uma corrente induzida pela variação de um campo magnético no espaço.

Agora, assinale a alternativa que apresenta a sequência obtida:

a) 1, 2, 3, 4.
b) 2, 1, 3, 4.
c) 3, 1, 4, 2.
d) 3, 1, 2, 4.
e) 2, 3, 1, 4.

2) Considerando que *ver* um evento corresponde à interação da luz com nossos sentidos e *observar* consiste na dedução obtida com base em nossas ideias, imagine que relógios, devidamente sincronizados, estão dispostos ao longo de uma linha reta e separados um do outro por uma distância de 10^9 m. Qual horário um indivíduo, respectivamente, vê e observa no nonagésimo relógio, quando o relógio que está mais próximo dele marca meio-dia?

a) 11:55 e meio-dia.
b) Meio-dia e 11:55.
c) 11:50 e 11:55.
d) 11:55 e 11:50.
e) Meio-dia e 11:50.

3) Um sistema de referência rotaciona ao redor de um eixo z que sai do plano da folha, como ilustra a Figura B. Um evento (representado pelo círculo) ocorre, no sistema de referência S' que apresenta eixos x' e y', no ponto de coordenadas (x'_0, y'_0). O sistema de referência S, com eixos x e y, permanece em sua posição original. Observe a figura e procure imaginar que, a princípio, as linhas tracejadas estavam sobrepostas às linhas pretas.

Figura B – Sistema de referência em rotação ao redor de um eixo z

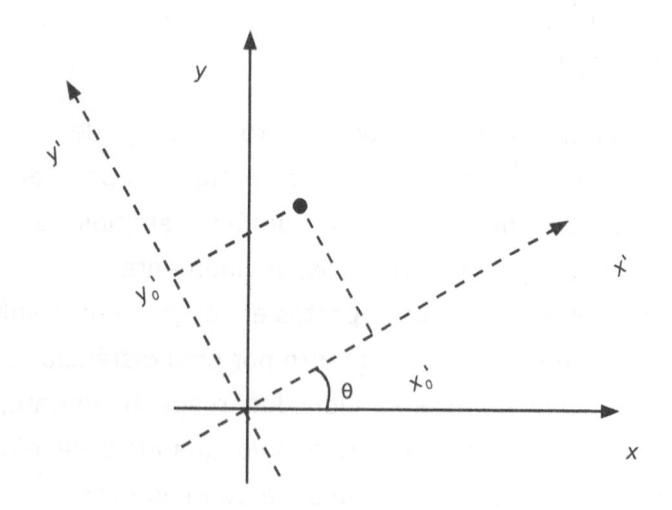

Indique se as expressões a seguir são verdadeiras (V) ou falsas (F) para relacionar as coordenadas entre x e y e x' e y' com o equivalente do ângulo θ no diagrama espaço-tempo representado na Figura B:

( ) $x_0 = x'_0\cos(\theta) - y'_0\sen(\theta)$ no diagrama espaço-tempo com $\theta = v/c$

( ) $x_0 = x'_0\cos(\theta) - y'_0\sen(\theta)$ no diagrama espaço-tempo com $\theta = c/v$

( ) $y_0 = x'_0\sen(\theta) - y'_0\cos(\theta)$ no diagrama espaço-tempo com $\theta = v/c$

( ) $y_0 = x'_0\sen(\theta) - y'_0\cos(\theta)$ no diagrama espaço-tempo com $\theta = c/v$

( ) $y_0 = x'_0\cos(\theta) - y'_0\cos(\theta)$ no diagrama espaço-tempo com $\theta = v/c$

Agora, assinale a alternativa que apresenta a sequência obtida:

a) V, V, V, F, F.
b) V, F, V, F, V.
c) V, F, F, F, F.
d) V, F, V, F, V.
e) V, F, V, F, F.

4) Em um futuro hipotético no qual as dificuldades do egoísmo ainda não foram sanadas, um ladrão foge, em uma espaçonave superveloz, a uma velocidade de 0,8 c, em que c é a velocidade da luz. Um policial o persegue em outra espaçonave a uma velocidade de 0,35 c. O policial faz um disparo de um raio cósmico que parte com velocidade de 0,5 c. Nessa cena, o que ocorre com o ladrão quando utilizamos a regra da soma de Galileu ou a regra da soma de Einstein para a especulação?

a) Pela soma de Galileu, o raio atinge o ladrão; pela soma de Einstein, o raio não atinge o ladrão.
b) Pela soma de Galileu, o raio não atinge o ladrão; pela soma de Einstein, o raio atinge o ladrão.
c) Tanto pela soma de Galileu quanto pela de Einstein, o raio não atinge o ladrão.
d) Tanto pela soma de Galileu quanto pela de Einstein, o raio atinge o ladrão.
e) Não é possível utilizar a soma de Einstein nessa situação, pois as velocidades são muito baixas.

5) Imagine um futuro próximo em que é possível lançar espaçonaves por meio de pistas de lançamento, como ocorre na atualidade com os aviões. Suponha que, por uma pista de lançamento de 4 km, decola uma espaçonave desenvolvendo uma velocidade de $4 \cdot 10^7$ m/s. Com essa situação em mente, relacione cada valor listado a seguir à sua grandeza:

1. $1 \cdot 10^{-4}$ s
2. $1,009 \cdot 10^{-4}$ s
3. 3,96 km
4. 4,0 km

( ) Comprimento da pista medida pelo piloto da espaçonave.
( ) Intervalo de tempo que a espaçonave demora para percorrer a pista medido por um preparador de voo no solo.

( ) Intervalo de tempo que a espaçonave demora para percorrer a pista medido pelo piloto.
( ) Comprimento da espaçonave medido pelo preparador de voo no solo.

Agora, assinale a alternativa que apresenta a sequência obtida:

a) 1, 3, 2, 4.
b) 1, 2, 3, 4.
c) 3, 1, 2, 4.
d) 3, 1, 4, 2.
e) 2, 1, 3, 4.

Interações teóricas
Computações quânticas

1) Considere um campo elétrico $\vec{E}$ e outro magnético $\vec{B}$ observados em um referencial que se desloca com velocidade $\vec{v}$ no eixo x e em um referencial em repouso. Para o referencial em movimento, os campos apresentam, em relação à sua percepção em repouso, as seguintes características: $\vec{E'_p} = \vec{E_p}$, $\vec{B'_p} = \vec{B_p}$, $\vec{E'_p} = \vec{E_p}$ e $\vec{B'_T} = \gamma\left(\vec{B} - \dfrac{\vec{v} \cdot \vec{E}}{c^2}\right)$ – em que $\vec{E_p}$ é a componente paralela ao eixo x e $\vec{E_T}$ é a componente perpendicular do campo elétrico (a mesma notação é válida para o campo magnético).

Demonstre que, nessa situação, a força eletromotriz é a mesma para ambos os referenciais.

2) Se o tempo é uma dimensão particular do espaço, por que um movimento em um eixo não influencia os fenômenos físicos em outro? Quais são as evidências observacionais que temos dessa independência?

3) Defina como as transformações de coordenadas entre sistemas de referência são operações lineares que podem ser escritas como $x' = A(x - vt)$ e $t' = Bt + Dx$, sendo A, B e D constantes.

   a) Baseando-se no fato de que a propagação da luz é a mesma para todos os referenciais ($x^2 + y^2 + z^2 - c^2t^2 = 0$ e $x'^2 + y'^2 + z'^2 - c^2t'^2 = 0$), obtenha o sistema de equações a seguir:

   $$A^2v + c^2BD = 0$$

   $$A^2 - c^2D^2 = 1$$

   $$B^2 - \frac{v^2}{c^2}A^2 = 1$$

   b) Resolva o sistema de equações do item "a" e obtenha as transformações de Lorentz.

   c) Procure encontrar as principais diferenças entre o procedimento desenvolvido nos itens anteriores e aquele que realizamos no decorrer deste capítulo.

Relatório do experimento

1) Procure assistir ao episódio 42 da série *O Universo Mecânico*, o qual trata das transformações de Lorentz. Como é feita a representação geométrica dessas transformações no programa? Discuta esse aspecto com seus colegas de estudo e elabore um fichamento do episódio.

AS TRANSFORMAÇÕES de Lorentz. **O Universo Mecânico**. Pasadena, CA: PBS, 1985-1986. 27 min. Série documental.

As consequências da relatividade especial

4

Primeiras emissões

Até aqui mostramos como o movimento se manifesta de forma diferente dependendo de quem o observa e como os fenômenos físicos são alterados pela ação do movimento. Além disso, abordamos o grande desafio de descrever o movimento relacionando-o com os fenômenos eletromagnéticos, que, para serem coerentemente descritos, requerem uma nova representação da realidade, conhecida como *teoria da relatividade especial* (TRE).

Anteriormente, tratamos dos efeitos mais evidentes da TRE: (1) a relatividade da simultaneidade; (2) a relatividade do espaço e do tempo isoladamente; (3) a forma absoluta pela qual a grandeza espaço-tempo é observada em qualquer referência; (4) a necessidade de que a velocidade da luz seja, além de uma constante universal, a velocidade limite para a transmissão de informação, de modo a manter a coerência entre a relatividade e a causalidade dos eventos.

Antes de iniciarmos propriamente a descrição mais precisa de alguns fenômenos físicos que durante muitos anos foram um desafio para os cientistas, faz-se necessário revisarmos o desconforto causado pelos resultados obtidos e pelas previsões realizadas pela TRE. Muitos estudantes de Física, além de pessoas interessadas no assunto, desistem de continuar estudando a TRE por conta da falta de resultados que sejam facilmente observados no dia a dia. O uso da expressão "facilmente observados" em vez de "coerentes com o observado" está relacionado ao fato de a TRE ser totalmente coerente com o eletromagnetismo. O problema, nesse caso, é que se trata de uma realidade com que não estamos acostumados, o que gera um grande desconforto. Em situações de conflito desse tipo, mais comuns do que podemos imaginar, nada como a arte para aliviar nossas mentes.

Conhecimento quântico

Recomendamos a leitura do poema "As contradições do corpo", de Carlos Drummond de Andrade, que trabalha justamente com imagens de conflitos entre a percepção e o mundo físico, a ponto de o próprio corpo tornar-se desconhecido.

ANDRADE, C. D. de. A. As contradições do corpo. In: ANDRADE, C. D. de. A. **Nova reunião**: 23 livros de poesia. São Paulo: Cia. das Letras, 2015. p. 861-862.

Existe situação que gera maior desconforto do que o fato de não termos certeza se todas as nossas sensações se constituem de fato em resultados de uma realidade objetiva ou se são apenas ilusões de nossos sentidos?

Será que os resultados de nossa audição são uma representação clara da realidade ou uma construção que nos foi apresentada? Até que ponto nossos sentidos representam a complexidade além de nossas individualidades? Essas perguntas foram respondidas por vários pesquisadores de diferentes formas, mas as respostas ainda não se mostraram totalmente conclusivas, tampouco as discussões que suscitam estão definitivamente ultrapassadas.

Compreender de que modo algumas percepções do dia a dia podem ser reinterpretadas à luz da TRE corresponde à proposta deste capítulo. Nesse sentido, detalharemos como o importante fenômeno ondulatório da audição é alterado pelo movimento e como essa alteração pode ser entendida de forma mais ampla.

4.1 O efeito Doppler

Uma consequência adicional importante da cinemática relativística é o efeito Doppler para as ondas eletromagnéticas. Para compreendê-lo, é preciso, inicialmente, considerar o efeito Doppler clássico, estudado por Johann Christian Andreas Doppler (1803-1853), em 1840, com a contribuição de muitos outros estudiosos (Hollingdale, 1989). Classicamente, dizemos que a frequência f' de uma onda mecânica percebida por um detector está relacionada com a frequência f natural da fonte, conforme a Equação 4.1.

Equação 4.1

$$f' = f \frac{v \pm v_D}{v}$$

em que:

- v é a velocidade da onda;
- v_D é a velocidade do detector.

Figura 4.1 – Representação de um observador deslocando-se no sentido de uma fonte sonora

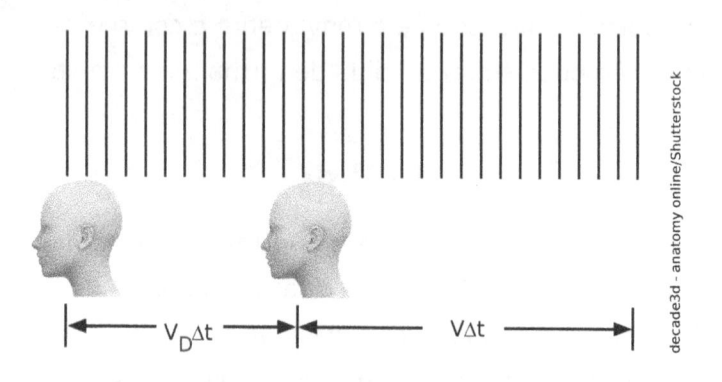

Fonte: Tipler, 2000, p. 524.

Na Figura 4.1, a cabeça do indivíduo é o detector e podemos imaginar duas situações:

1. O indivíduo aproxima-se da fonte. Nesse caso, ele percebe um número maior de frentes de onda do que se estivesse em repouso. A velocidade efetiva (v_e) com que as frentes de onda o atingem corresponde

à soma da velocidade dele (V_D) com a da onda (v), conforme a Equação 4.2.

Equação 4.2

$$v_e = v + V_D$$

O comprimento de onda λ_0 que atinge o ouvido do indivíduo não é alterado, como observamos na figura. Então, a frequência detectada por ele será calculada como na Equação 4.3.

Equação 4.3

$$f' = \frac{v_e}{\lambda_0} = \frac{v + V_D}{\lambda_0}$$

Dessa maneira, podemos escrever λ_0 em termos da frequência original f, ou seja, $\lambda_0 = \frac{v}{f}$, obtendo a Equação 4.4.

Equação 4.4

$$f' = \frac{v_e}{\lambda_0} = \frac{v + V_D}{v} f$$

2. Caso o indivíduo se afaste da fonte, a única diferença será o fato de a Equação 4.2 apresentar um sinal negativo. Assim, a Equação 4.1 representa o detector aproximando-se da fonte imóvel, para o caso do sinal positivo, e afastando-se dela, para o caso do sinal negativo.

Para o caso de uma fonte com velocidade V_s, também podemos descrever duas situações:

I. Caso se desloque em direção ao indivíduo (aproximando-se), poderemos perceber um encolhimento do comprimento de onda, conforme ilustra a Figura 4.2.

Figura 4.2 – Representação das frentes de onda para o caso de uma fonte sonora deslocando-se com velocidade constante

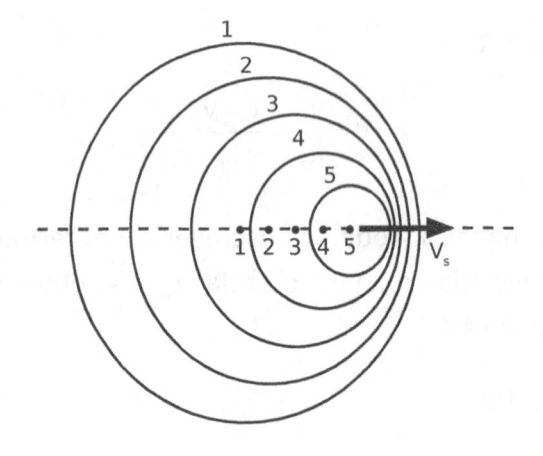

Fonte: Tipler, 2000, p. 523.

Na Figura 4.2, o indivíduo está posicionado à direita da fonte, de modo que, para um observador externo, a velocidade equivalente é a diferença das velocidades do som e da fonte. Já o comprimento de onda equivalente λ_e é calculado pela Equação 4.5.

Equação 4.5

$$\lambda_e = \frac{v - V_s}{f}$$

Pela Equação 4.5, podemos perceber que λ_e é menor do que λ_0, em concordância com a observação da Figura 4.2. A frequência que chega ao indivíduo f' é obtida pela Equação 4.6.

Equação 4.6

$$f' = \frac{v}{\lambda_e}$$

No caso da Equação 4.6, a velocidade, para o indivíduo, é a do som original, sendo o comprimento de onda modificado. Assim, substituindo a Equação 4.5 na 4.6, chegamos à Equação 4.7.

Equação 4.7

$$f' = \frac{v}{v - V_s} f$$

II. Caso a fonte se afaste do indivíduo, o comprimento de onda equivalente será maior e a Equação 4.5 terá um sinal positivo no numerador.

Um leitor atento perceberá que a situação em que a fonte se aproxima do observador equivale à situação em que o observador se aproxima da fonte de maneira geral. Embora esse raciocínio esteja correto, pelas Equações 4.7 e 4.4, o aumento ocorre de forma diferente para cada um dos casos.

Cabe ainda outra observação interessante: a Equação 4.5 somente é válida para casos em que a velocidade da fonte é menor do que a da onda original. Nesse contexto, trata-se da velocidade do som. Para eventos supersônicos, o comprimento de onda equivalente é negativo e utilizamos o conceito de cone de Mach para descrever a detecção dos fenômenos acústicos.

Força nuclear forte

Cone de Mach: região do espaço onde estão encerradas as frentes de ondas sonoras emitidas por uma fonte que se desloca com velocidade maior do que a do som. Esse cone apresenta uma abertura angular α, medida com base na posição da fonte sonora, cujo valor é calculado por: $\text{sen}(\alpha) = \dfrac{v_s}{V}$, em que v_s é a velocidade do som e V, a da fonte.

Podemos perceber claramente o efeito Doppler ao acompanharmos em uma transmissão televisiva ou por internet uma corrida de Fórmula 1. A câmera (ou microfone) dentro do carro transmite o som do motor mais grave do que o detectado pela câmera (ou microfone) que se encontra parada na pista. Em suma, o som percebido depende do movimento do observador, configurando um claro fenômeno relativístico.

De maneira geral, quando a fonte e o detector estão em movimento, a frequência detectada é calculada, classicamente, conforme a Equação 4.8.

Equação 4.8

$$f' = f \frac{v \pm V_D}{v \pm V_s}$$

Um fenômeno óptico observado no início do século XIX começou, na segunda metade do período, a ser associado a esse efeito, sem, no entanto, contar com elaborações matemáticas e teóricas adequadas. Esse fenômeno consistia na diferença entre as linhas espectrais obtidas para diferentes estrelas pelo fabricante de instrumentos de vidro Joseph Ritter von Fraunhofer (1787-1826) e nas diferenças obtidas com materiais separados quimicamente na Terra.

Tal diferença era chamada de *desvio para o vermelho* ou *para o azul*, dependendo da mudança apresentada pelas linhas espectrais (Oliveira Filho; Saraiva, 2013). Esse desvio pode ser facilmente entendido se analisarmos o efeito Doppler em uma abordagem relativística.

Vamos pensar que uma fonte de luz se move com velocidade constante u em relação a um ponto P, que está em repouso em um sistema de referência inercial. A luz emitida apresenta, no sistema de referência da própria fonte, frequência f_0 e período $T_0 = \dfrac{1}{f_0}$. Diante disso, qual seria a frequência f dessas ondas medidas no ponto P?

Consideremos que T corresponde ao intervalo de tempo entre duas cristas consecutivas observadas no sistema de referência S pelo ponto P. Note que esse valor não é o intervalo entre a chegada de duas cristas sucessivas à sua posição, porque as cristas são emitidas em pontos diferentes do sistema de referência S.

Figura 4.3 – Representação das frentes de onda emitidas por uma fonte em movimento e observadas por um ponto P

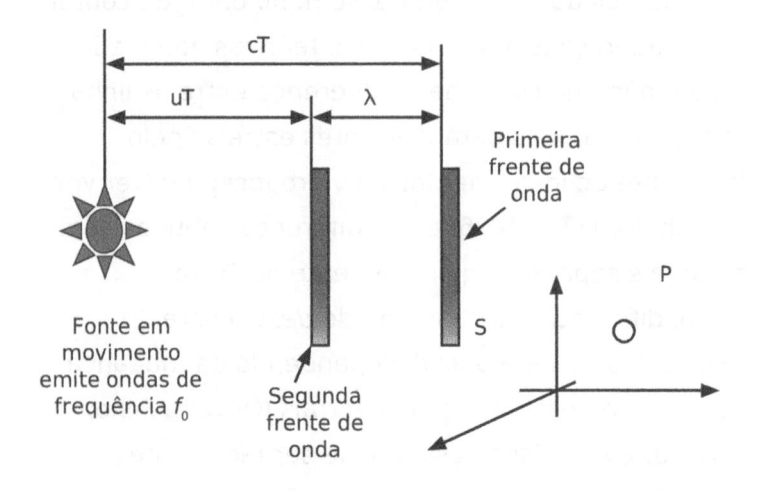

Ao medir somente a frequência f que recebe, o ponto P desconsidera as diferenças dos tempos de trânsito entre as cristas sucessivas. Logo, a frequência que detecta não é igual a $\frac{1}{T}$.

Durante um tempo T, uma crista se move, na frente da fonte, por uma distância cT; por sua vez, a fonte se move por uma distância menor uT no mesmo sentido. A distância λ entre duas cristas sucessivas – ou seja, o comprimento de onda – é, portanto, $\lambda = (c - u)T$, conforme medido por P em seu sistema de referência. Assim, a frequência medida por ele é igual a $\frac{c}{\lambda}$. Esse raciocínio pode ser expresso pela Equação 4.9.

Equação 4.9

$$f = \frac{c}{(c-u)T}$$

Até este ponto, o desenvolvimento do raciocínio seguiu basicamente idêntico ao do som (no caso de uma fonte em movimento). Caso abordássemos ondas sonoras, agora, igualaríamos T ao tempo T_0 entre as emissões das duas cristas sucessivas. Contudo, pela relatividade, não é correto igualar T a T_0. O tempo T_0 é medido no sistema de repouso da fonte, logo é um tempo próprio. De acordo com as relações de Lorentz, T e T_0 são relacionados conforme a Equação 4.10.

Equação 4.10

$$T = \frac{T_0}{\sqrt{1 - \frac{u^2}{c^2}}}$$

Desse modo, combinando as Equações 4.9 e 4.10, obtemos a Equação 4.11, que, com algumas manipulações, origina a Equação 4.12.

Equação 4.11

$$f = \frac{c}{(c-u)} \frac{\sqrt{c^2-u^2}}{c} f_0$$

Equação 4.12

$$f = \sqrt{\frac{c+u}{c-u}} f_0$$

Se a fonte se afasta do observador, os sinais são trocados no numerador e no denominador. Já quando se aproxima, a frequência observada é maior do que a emitida. A diferença entre ambas as frequências é denominada *deslocamento de frequência Doppler*. É interessante observar que existe uma singularidade para o caso de a fonte luminosa deslocar-se com a velocidade da luz (o denominador é zero na Equação 4.12). Isso faz sentido se considerarmos toda a discussão sobre a velocidade da transmissão da informação.

Simulações

Processos de acréscimo em estrelas binárias compactas ocorrem em sistemas estelares nos quais a matéria de uma estrela menos densa é absorvida por outra mais massiva. Isso provoca a formação de um disco ao redor daquela com maior densidade, conhecido como *disco de acréscimo* (Figura 4.4). Esse fenômeno é estudado por meio de tomografia Doppler (Home, 1993), uma técnica útil pois, quando a matéria gira ao redor da estrela, ela se aquece, se ioniza e gera fortes campos magnéticos. As forças magnéticas resultantes desviam parte da matéria em jatos expelidos para fora do plano do disco de acréscimo. A luz azul emitida de alguns jatos é detectada, na Terra, com um comprimento de $4{,}5 \cdot 10^{-7}$ m. Porém, no sistema de referência da matéria do jato, a luz tem um comprimento de onda de $5{,}4 \cdot 10^{-6}$ m (infravermelho). Com que velocidade o jato se move em direção à Terra?

Figura 4.4 – Representação imagética do disco de acréscimo do sistema binário Sagitário WZ

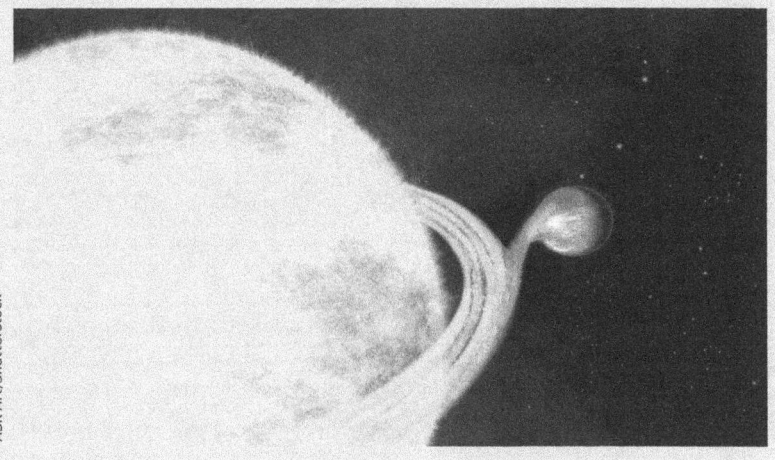

Resolução

Para solucionarmos esse problema acadêmico, utilizaremos os conteúdos discutidos até o momento, portanto devemos converter os comprimentos de onda em frequências, a fim de adequar os valores às notações estudadas. O comprimento original, do qual sai o feixe, é o vermelho, com frequência f, e o detectado é o azul, com frequência f_0. Por meio da expressão que indica a velocidade da luz como produto da frequência pelo comprimento de onda, $c = \lambda f$, encontramos os valores $f = 6{,}66 \cdot 10^{14}$ Hz e $f_0 = 5{,}55 \cdot 10^{13}$ Hz. Manipulando a Equação 4.12, obtemos:

$$\frac{f}{f_0} = \sqrt{\frac{c+u}{c-u}} \Rightarrow \left(\frac{f}{f_0}\right)^2 = \frac{c+u}{c-u} \Rightarrow u = \frac{\left[\left(\frac{f}{f_0}\right)^2 - 1\right]}{\left[\left(\frac{f}{f_0}\right)^2 + 1\right]} c \Rightarrow$$

$$u = \frac{\left[\left(\frac{60}{5}\right)^2 - 1\right]}{\left[\left(\frac{60}{5}\right)^2 + 1\right]} c \Rightarrow u = 0{,}986\,c$$

4.2 Dilatação temporal nos raios cósmicos

Os raios cósmicos são radiações eletromagnéticas ou mesmo partículas subatômicas que penetram na atmosfera da Terra e podem ser detectadas. O estudo desses fenômenos foi muito importante na década de 1930, quando a teorização das reações nucleares se desenvolvia e não havia grandes fontes de energia para testá-la.

Força nuclear forte

Para a ciência brasileira, as discussões sobre reações nucleares e partículas subatômicas são objeto de particular interesse, pois um dos primeiros e mais expoentes físicos brasileiros atuou nelas: César Lattes, que participou do grupo que descobriu a partícula conhecida como *méson* π.

Utilizaremos, neste livro, o clássico exemplo da partícula subatômica conhecida como *múon* μ, que apresentava um tempo de vida muito curto quando obtido, em laboratório, em câmaras de bolhas (Figura 4.5) e com fontes de baixas energias. Esse período era calculado pela Equação 4.13.

Equação 4.13

$$\tau_\mu = 2{,}2 \cdot 10^{-6} \text{ s}$$

Figura 4.5 – Câmara de bolhas de hidrogênio, situação em que o múon é, posteriormente, desintegrado

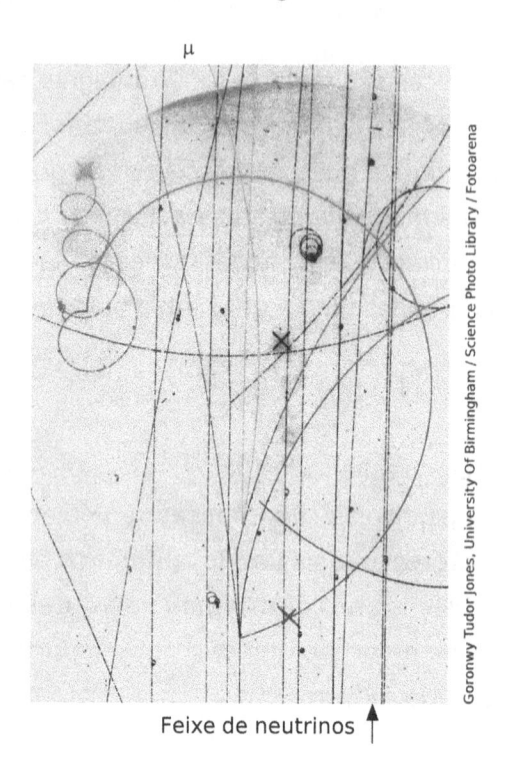

Feixe de neutrinos

O múon desaparece pelo decaimento em outras partículas subatômicas, causado por sua entrada na atmosfera (Equação 4.14).

Equação 4.14

$$\mu \rightarrow e + \bar{\nu}_e + \nu_\mu$$

em que:

- e é um elétron;
- $\bar{\nu}_e$ é um neutrino do elétron;
- ν_μ é um antineutrino, outras partículas subatômicas.

Partículas elementares podem ser detectadas por meio de raios cósmicos, "partículas rapidíssimas que provêm do espaço exterior e bombardeiam constantemente a Terra, de todos os lados. A cada segundo, cerca de 200 dessas partículas [...] atingem cada metro quadrado de nosso planeta" (Turtelli, 2003). A energia dos raios depende das partículas e, como pontuamos, algumas destas geram elétrons em movimento que emitem, também, radiação eletromagnética.

A detecção de raios cósmicos era feita por meio de balões atmosféricos lançados com detectores de radiação e de experimentos usando placas fotográficas em montanhas que grande altitude.

Vamos considerar esse uso de placas fotográficas para pensar em algumas questões. Os múons se deslocam praticamente com a velocidade da luz (0,99 c). Em seu tempo de vida, eles deveriam percorrer 660 m, porém, como há uma dilatação desse tempo, são encontrados 6 km abaixo da atmosfera. No referencial dos múons, nesse caso, seria possível observar uma contração da montanha.

Figura 4.6 – (a) Medida da altura de uma montanha em um referencial com os múons em movimento e a montanha em repouso. (b) Medida em um referencial com os múons em repouso e a montanha em movimento.

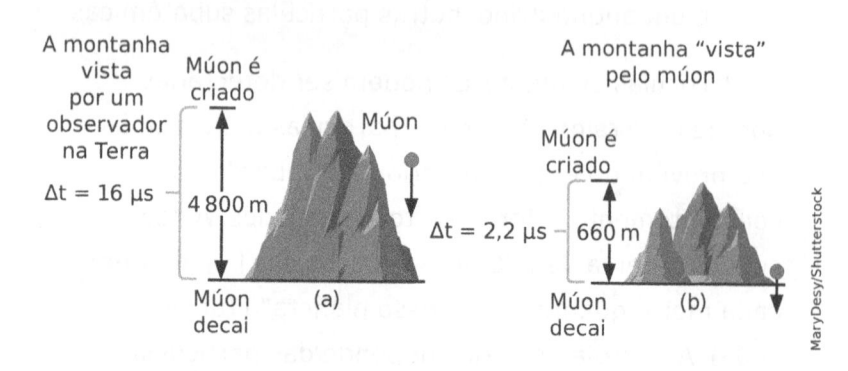

A montanha vista por um observador na Terra
Δt = 16 μs
4 800 m
Múon é criado
Múon
Múon decai
(a)

A montanha "vista" pelo múon
Δt = 2,2 μs
660 m
Múon é criado
Múon decai
(b)

Fonte: Física Vivencial, 2021.

Na Figura 4.6, note que ambas as situações representadas são equivalentes, porém, a medida da altura da montanha é diferente. Como os múons foram observados em montanhas de grande altitude, a TRE contribuiu profundamente na explicação desse tipo de experimento.

Além disso, a importância da TRE na compreensão da natureza das reações atômicas e nucleares estende-se ao estudo do comportamento da massa dos corpos subatômicos durante suas reações. Aprofundaremos essa discussão no Capítulo 5.

4.3 Paradoxos da relatividade

Os chamados *paradoxos da relatividade* são, provavelmente, as construções teóricas mais famosas dessa abrangente teoria. Sua origem está nos problemas gerados pela comparação de medidas realizadas em diferentes referenciais.

A palavra *paradoxo* indica um resultado oposto ao esperado quando se admite uma opinião como válida. Ao assumirmos como válido o princípio da relatividade segundo o qual as leis da física são as mesmas em qualquer referencial, isso também deve valer para todos os processos físicos. Primeiramente, trataremos da dilatação do tempo: um observador em movimento detecta, em relação a um sistema em repouso, os mesmos fenômenos que outro observador em movimento detecta em relação a outro sistema em repouso.

Imagine a clássica situação em que dois irmãos gêmeos se tornam astronautas: um vai para uma missão extraterrestre, em uma espaçonave que viaja quase com a velocidade da luz, e o outro fica na Terra fornecendo apoio de navegação. De acordo com a teoria da relatividade, quando voltasse, o astronauta estaria mais jovem do que seu gêmeo idêntico que permaneceu no planeta (Figura 4.7).

Trata-se do resultado da Equação 3.36: o intervalo de tempo para o irmão em movimento foi menor do que para o que ficou em repouso, pois a velocidade da luz é uma constante universal.

Contudo, o astronauta observou a Terra afastando-se com uma velocidade próxima à da luz e, em seguida, aproximando-se com a mesma velocidade. Desse modo, deveria ver seu irmão mais jovem do que ele. Qual das situações está correta? Eis o paradoxo.

Figura 4.7 – Ilustração do paradoxo dos gêmeos

Existem duas maneiras de tentar resolver essa questão. A primeira propõe que, na verdade, não há, do ponto de vista teórico, paradoxo, já que não consideramos o efeito da aceleração do irmão astronauta, o que demandaria conhecimentos para além da relatividade restrita. Nesse caso, deveríamos evocar a relatividade especial. Muitos livros didáticos qualificados utilizam essa explicação.

Neste livro, explicaremos o paradoxo, por meio de um exemplo, considerando apenas a relatividade restrita. Acompanhe o desenvolvimento e a resolução dessa situação especulativa a seguir, na seção "Simulações".

Simulações – O paradoxo dos gêmeos

Imagine dois irmãos gêmeos, que chamaremos de Caixeiro e Taciturno, vivendo na cidade de São Luís, capital do Maranhão, a 32 km do centro de lançamento de foguetes de Alcântara. Enquanto Taciturno é um rapaz de poucas palavras, Caixeiro gosta de viajar e levar novidades para outras pessoas.

Os dois decidem explorar o espaço interestelar. Depois de revolucionarem o programa espacial brasileiro, eles conseguem construir uma nave espacial capaz de alcançar uma velocidade de 0,8 a velocidade da luz.

Como não é afeto a conversas, Taciturno permite que Caixeiro assuma a tarefa de ir ao espaço e relatar sua viagem. Os dois escolhem a estrela Alpha Centauri, a mais próxima da Terra depois do Sol. A luz dessa estrela demora 4 anos para atingir a Terra, ou seja, ela está a 4 anos-luz de distância. A espaçonave apresenta uma aceleração de 2 g – alta, mas razoável para um ser humano normal suportar –, sendo constante até atingir a velocidade máxima, momento em que a velocidade de deslocamento passa a ser constante. Nesse caso,

g é a aceleração da gravidade, sendo considerada a aproximação $g = 10$ m/s².

Com base na situação descrita, resolva as seguintes questões:

a) Determine o tempo necessário e a distância percorrida pela espaçonave até a velocidade máxima da viagem ser atingida. Utilize a cinemática clássica.

b) Determine o espaço visto por Caixeiro e o tempo necessário, em seu referencial, para sua viagem.

c) Determine o intervalo de tempo equivalente à espera de Taciturno até que seu irmão chegue à estrela.

d) Explique o tempo que a luz leva para se propagar entre os irmãos na transmissão de comunicação entre eles.

Resolução

a) Usando a cinemática clássica, a velocidade final v está relacionada à velocidade inicial v_0 e à aceleração pela seguinte equação de movimento:

$$v = v_0 + at$$

Nesse caso, $a = 2g = 20$ m/s². Como a espaçonave sai do repouso, a velocidade inicial é zero ($v_0 = 0$).
Já a velocidade final é 80% da velocidade da luz, como informa o enunciado. Se substituímos os valores, descobrimos o tempo:

$$0,8 \cdot 3 \cdot \frac{10^8 \text{ m}}{\text{s}} = 0 + 20 \frac{\text{m}}{\text{s}^2} \cdot t \Rightarrow$$

$$\Rightarrow t = \frac{2,4 \cdot \frac{10^8 \text{ m}}{\text{s}}}{20 \frac{\text{m}}{\text{s}^2}} = 1,2 \cdot 10^7 \text{ s} = 138,9 \text{ dias}$$

Precisamos, então, comparar a distância (ΔD) percorrida com a distância total entre a Terra e a estrela, cujo valor é:

$$\Delta S_{T\alpha} = 4 \text{ a.l.} = 4 \text{ anos} \cdot c = 4 \cdot 365 \cdot 24 \cdot 60 \cdot 60 \text{ s} \cdot 3 \cdot \frac{10^8 \text{ m}}{\text{s}} =$$

$$= 3,8 \cdot 10^{16} \text{ m}$$

Assim, obtemos ΔD mais facilmente pela expressão de Torricelli, que relaciona a distância percorrida às velocidades final e inicial e à aceleração pela expressão:

$$v^2 = v_0^2 + 2a\Delta D \Rightarrow 9 \cdot \frac{10^{16} \text{m}^2}{\text{s}^2} = 0 + 2 \cdot 20 \cdot \Delta D$$

$$\Rightarrow \Delta D = 2,25 \cdot 10^{15} \text{ m}$$

A razão r, definida como $r = \frac{\Delta D}{\Delta S_{T\alpha}} \cdot 100$, indica qual é o percentual da distância percorrida pela espaçonave durante a aceleração, de modo que encontramos o valor de $r \approx 6\%$. Isso significa que 94% do trajeto é percorrido à velocidade de 0,8 c. Nesse sentido, os efeitos da aceleração são muito pequenos em nossas considerações.

b) Nessa situação, consideramos que a distância total $\Delta S_{T\alpha}$ é contraída de acordo com a TRE, ou seja, $\Delta S'_{T\alpha}$. Portanto, a distância observada por Caixeiro é:

$$\Delta S'_{T\alpha} = \sqrt{1 - \frac{v^2}{c^2}} \Delta S_{T\alpha} = 0,6 \cdot 4 \text{ a.l.} = 2,4 \text{ a.l.}$$

Dessa maneira, a distância de 4 a.l. vista por Taciturno da Terra parece ser de 2,4 a.l. para Caixeiro. Logo, para o astronauta, o tempo de viagem é de 3 anos. Obviamente, esse resultado considera todas as aproximações descritas no enunciado e na resolução do item "a".

c) Para o caso de Taciturno, basta dividirmos a distância de 4 a.l. pela velocidade 0,8 c, o que resulta em 5 anos. Note que esse valor é bem maior do que o obtido por Caixeiro – são 2 anos de diferença.

d) A chave para a resolução do paradoxo reside exatamente na percepção de que qualquer sinal de comunicação se desloca na velocidade da luz. Imagine que os dois irmãos estão munidos de poderosos telescópios com os quais conseguem ver os relógios um do outro.

Ambos devem usar os relógios com os mesmos pontos iniciais, ou seja, precisam zerá-los quando Caixeiro parte da Terra. Quando este chega à estrela Alpha Centauri, seu relógio marca 3 anos. Todavia, quando

Taciturno vê seu irmão chegar ao destino, seu próprio relógio indica 9 anos. Esse resultado ocorre porque, para Taciturno, a espaçonave leva 5 anos para chegar à estrela e a luz que sai do relógio de Caixeiro, no momento de sua chegada, precisa de mais 4 anos para chegar até a Terra. Assim, visto pelo telescópio de Taciturno, o relógio do astronauta parece andar com, aproximadamente, um terço da velocidade de seu próprio relógio $\left(\frac{3}{9} \approx \frac{1}{3}\right)$.

Quando Caixeiro chega à estrela, ao observar seu próprio relógio, percebe que se passaram 3 anos. No entanto, ao observar o relógio de Taciturno por meio de seu telescópio, a data marcada é de apenas 1 ano (o tempo que a luz leva para ir da Terra à estrela menos o tempo da viagem, ou seja, 4-3). Assim, para Caixeiro, o relógio de Taciturno está andando com aproximadamente $\frac{1}{3}$ da velocidade de seu próprio relógio.

Contudo, Taciturno vê o relógio de Caixeiro passar de 3 para 6 anos, em apenas 1 ano de seu relógio (dos 9 anos para os 10 anos). Isso significa que o relógio de seu irmão se move com o triplo da velocidade do seu próprio.

Assim, chegamos ao ponto importante: ambos concordam que o relógio de Taciturno marca 10 anos e o de Caixeiro, 6. Desse modo, Caixeiro está 4 anos mais jovem e o paradoxo é solucionado.

Se retornarmos ao caso dos múons abordado na seção anterior, verificaremos novamente que a explicação dos fenômenos coincide com a TRE, sem a necessidade de se evocar a teoria da relatividade geral (TRG).

Esse mesmo fenômeno é observado em experimentos em que relógios atômicos são transportados em velocidades variáveis, cujos resultados confirmam a TRE e o paradoxo dos gêmeos. No famoso experimento de Hafele-Keating, realizado em 1971, por exemplo, os pesquisadores colocaram relógios atômicos de césio a bordo de aviões comerciais em deslocamento – primeiro para leste, depois para oeste – e compararam os valores de tempo medidos por eles com os de relógios fixos no Observatório Naval dos Estados Unidos.

Para a contração do espaço, há o paradoxo do celeiro e da escada. Imagine que um fazendeiro precisasse guardar uma escada muito grande em um celeiro que não comportasse seu tamanho. Depois de ler sobre a relatividade, ele pediu à sua filha que corresse com a escada, com a maior velocidade possível, de modo que o objeto se contraísse e coubesse no celeiro. Assim que a moça entrasse com a escada, ele fecharia a porta e alcançaria seu objetivo. Contudo, sua filha resolveu pesquisar um pouco mais sobre essa questão e concluiu que seria mais difícil colocar a escada no celeiro dessa maneira do que com ambos em repouso. Isso porque, com a escada em movimento a ponto de contrair-se, o celeiro, em seu próprio referencial, também sofreria uma contração.

Assim, é possível questionar: Quem está certo? A escada cabe dentro do celeiro ou não? Uma resposta conciliadora seria afirmar que ambos estão certos. Quando dizemos que a escada está dentro do celeiro, queremos assinalar que todas as partes dela estão dentro do celeiro no mesmo instante de tempo. Contudo, considerando a relatividade da simultaneidade, essa é uma condição que depende do observador.

Figura 4.8 – Representação gráfica do paradoxo da escada e do celeiro. (a) Situação em repouso da escada. (b) Hipótese do fazendeiro com a filha correndo. (c) Hipótese da filha do fazendeiro.

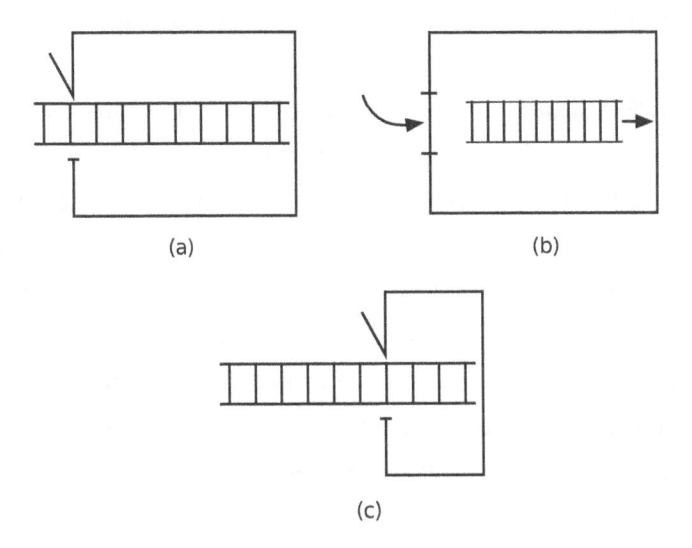

Fonte: Griffiths, 2011, p. 342.

É interessante pensar que há dois eventos relevantes: (1) a extremidade traseira da escada entra pela porta; (2) a extremidade dianteira da escada bate na parede oposta à entrada do celeiro.

Segundo a hipótese do fazendeiro (Figura 4.8a), (1) acontece antes de (2), portanto há tempo para que a escada entre no celeiro. Por outro lado, de acordo com a hipótese da filha (Figura 4.8b), (2) ocorre antes de (1), logo não há tempo. Esta é uma contradição que confirma o paradoxo? Para a TRE, não, pois se trata apenas de uma diferença de perspectiva.

Seria possível, ainda, questionar: No momento em que a menina para de correr, a escada está ou não dentro do celeiro? Quanto a isso não há discussão, ao menos não em nosso dia a dia. Porém, com essa pergunta, inserimos um novo elemento na discussão: aquilo que ocorre quando a escada para.

Nessa situação, se imaginamos que o fazendeiro fecha a porta do celeiro imediatamente depois de a escada entrar e que esta para, todos os elementos do corpo devem adequar-se à nova velocidade. Quando isso ocorre, a escada se expande como uma sanfona. Dessa maneira, a resposta é indeterminada: o fazendeiro terá ou uma escada danificada, ou uma parede furada.

Ainda não existem experimentos para testar essa situação, porque atingir essas velocidades com corpos de dimensões suficientes para realizar uma observação dessa natureza é muito difícil. De todo modo, trata-se de uma interessante questão para especulação teórica.

4.4 Velocidades superluminares

Nesta seção, avançaremos em uma discussão teórica densa, mobilizando cálculos que talvez sejam desconhecidos para você, leitor, de acordo com sua experiência matemática. Tentaremos, portanto, por meio da argumentação, fornecer o necessário para esclarecer por que, no atual paradigma científico, se pensa na existência de velocidades superluminares, ou seja, velocidades superiores à da luz. Para isso, sintetizaremos a atual área de estudo de partículas e seu desenvolvimento a partir do surgimento da ideia de campo.

O conceito de campo de uma força surge, no final do século XVIII, como uma promissora ferramenta para descrever as interações entre forças na natureza. Já no século XIX, há um significativo desenvolvimento das noções de campo elétrico, campo magnético e, finalmente, campo gravitacional.

Nesse cenário, consolidou-se a indicação simples de uma força por meio do elemento de mediação do campo (Equação 4.15). *Grosso modo*, podemos aplicar esse princípio para os campos elétrico e gravitacional. Para o campo magnético, embora uma aproximação seja possível, a aplicação é mais difícil.

Equação 4.15

$$\vec{F}_x = x\vec{M}$$

em que:

- $\vec{F}_x$ é a força de natureza x que é mediada pela quantidade de x através do campo $\vec{M}$.

No início do século XX, com as descobertas sobre as partículas elementares e sua forma de interagir com as forças da natureza, teorizou-se que existiriam partículas mediadoras de certas interações. Podemos definir essa tese tal como propõe Marco Antonio Moreira (2004, p. 11): "Mediar a interação significa que a força existente entre as partículas interagentes resulta de uma 'troca' (emissão e absorção) de outras partículas (virtuais) entre elas".

Desse modo, concluiu-se que as principais interações da natureza são mediadas por partículas (portadoras de força) elementares, conforme esquematizado no Quadro 4.1 e, de maneira mais completa, na Figura 4.9.

Quadro 4.1 – Interações e suas partículas

Interação	Partícula
Gravitacional	Gráviton
Eletromagnética	Fóton
Força nuclear forte	Glúon
Força nuclear fraca	W e Z

Vamos retomar a equação do campo gravitacional e pensar um pouco sobre esse tipo de interação sem a necessidade de a escrevermos em uma notação mais compacta.

Equação 4.16

$$\vec{F_{g_{1,2}}} = -G\frac{mM}{|\vec{r_{1,2}}|^2}\hat{r}_{1,2}$$

Na Equação 4.16, a força $\vec{F_{g_{1,2}}}$, que atua na massa m, é causada pela massa M, é dependente do inverso do quadrado da distância $\vec{r}_{1,2}$ entre as duas massas e é sempre atrativa. Tanto m quanto M são submetidas a essa força, porém com sinais contrários, em conformidade com a segunda lei de Newton (cf. Capítulo 1).

Pensando na forma como observamos essa força, analisemos a queda de uma folha de uma árvore qualquer. A folha sai da posição A para a B com a ação da força da gravidade (Figura 4.10), praticamente constante nas proximidades da superfície da Terra. A distância entre a folha e o centro da Terra, no qual, podemos considerar, a massa do planeta está concentrada, é alterada e, automaticamente, a magnitude da força muda. Para mantermos a validade das leis de Newton, devemos imaginar que essa alteração de posição causou a alteração da magnitude da força no centro da Terra da mesma maneira, com a partícula que medeia essa interação transmitindo essa informação de forma quase imediata. Isso indica um sinal que se propaga com uma velocidade maior do que a da Luz.

Figura 4.9 – Mapa conceitual para interações fundamentais

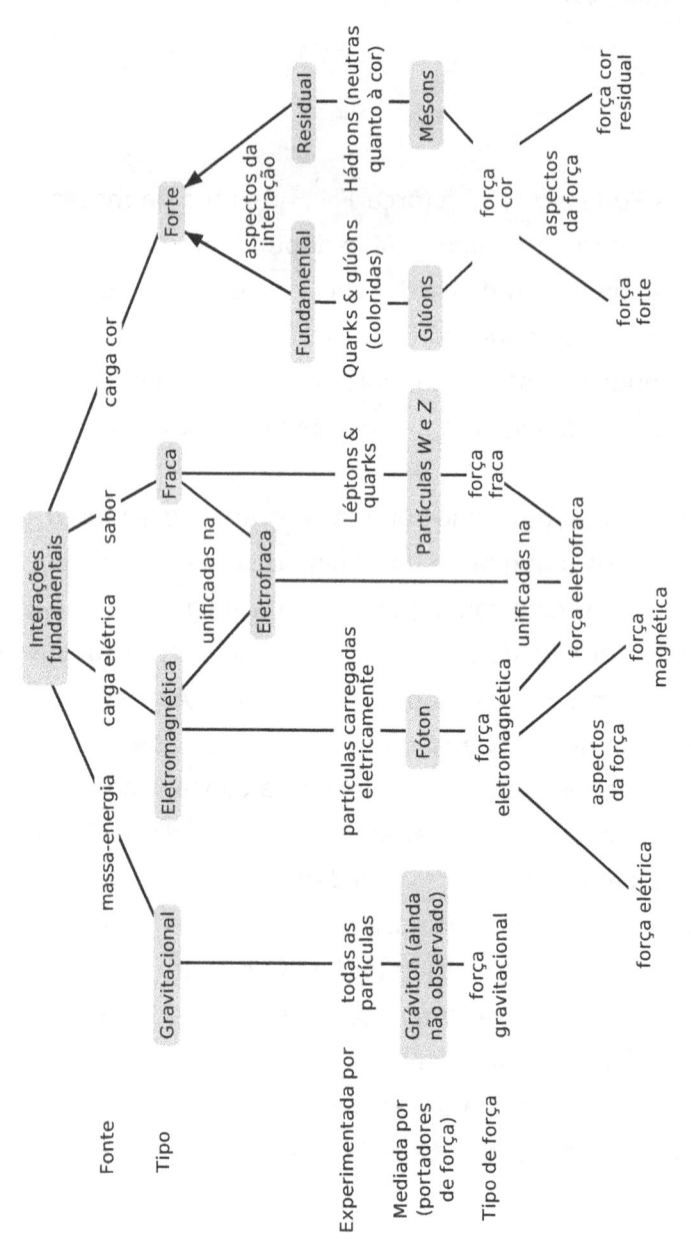

Fonte: Moreira, 2004, p. 13.

Vamos tentar esclarecer o problema da estrutura criada para explicar as forças e os fenômenos mecânicos dentro de meios. Da mesma forma que, inicialmente, a comunidade científica pensou em um meio no qual a interação eletromagnética se transmitiria, é quase natural pensar que o meio de propagação da interação gravitacional deve ser levado em conta. Foi por essa razão que se começou a postular um meio em que ondas gravitacionais poderiam ser transmitidas. Todavia, esse meio seria o próprio espaço-tempo, conforme discutiremos posteriormente. Note o desafio monumental para toda essa construção, que também revolucionaria a compreensão da natureza do próprio meio físico.

Toda essa discussão permite entender por que, até o momento, se diz que a TRG (a qual examinaremos com mais detalhes no Capítulo 6) não pode ser conciliada com a quantização – ao afirmarmos que existe uma partícula elementar com a qual as interações são descritas, nós as estamos quantizando. Até a atualidade, não foram verificadas evidências experimentais dessa quantização. Mesmo os experimentos realizados em relação às ondas gravitacionais, como aqueles desenvolvidos pelo Laser Interferometer Gravitational-Wave Observatory (LIGO) em 2015 e 2016, ainda não corroboram diretamente com a hipótese dos grávitons, pois foram realizados com base na teorização clássica da interação gravitacional, enquanto a existência dessas partículas é uma abordagem quântica da TRG (Machado, 2020).

Se pensarmos na gravidade como um fenômeno semelhante à eletricidade, encontraremos dificuldades para entender o que foi assinalado. Entretanto, no caso da última, existem as equações de Maxwell, que, como vimos, indicam indiretamente uma velocidade de transmissão de propagação da informação, o que não ocorre na gravitação. Nesse sentido, precisamos pensar melhor na diferença entre o táquion e o gráviton.

O táquion consiste na definição geral para qualquer partícula que se propaga acima da velocidade da luz, enquanto o gráviton é a partícula que intermedeia a interação gravitacional. Apesar de, até o momento, não apresentarem grandes evidências experimentais, ambos têm a mesma estrutura teórica: a descrição em nível de partículas das interações gravitacionais.

Figura 4.10 – A queda de uma folha do alto de uma árvore em diferentes etapas

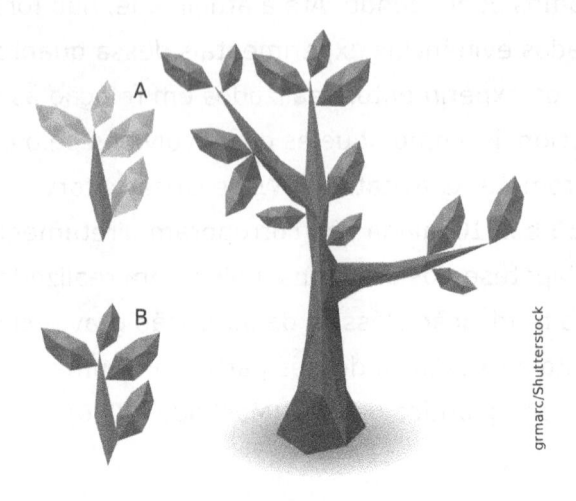

Outros experimentos, fundamentais para a compreensão da não localidade das interações quânticas, como o experimento da desigualdade de Bell, trazem em seu desenvolvimento teórico baseado na descrição – por meio de partículas elementares – das interações presentes nas partículas subatômicas a necessidade de pensar na transmissão de sinais com velocidades superiores à da luz (Pessoa Junior, 2003).

A própria ideia de uma teoria sobre os táquions engloba tanto os resultados da TRE quanto os da TRG. Isso porque a compreensão de fenômenos como tempo, luz e espaço (usados na cinemática do espaço-tempo de Minkowski) pode ser reelaborada com a noção de partículas progressivas e retrógradas, assim como pode explicar a criação e o aniquilamento de certas partículas subatômicas (Vieira, 2012). Como pontuamos, esse tipo de abordagem revoluciona as concepções sobre a possibilidade de partículas se deslocarem para o passado e com velocidades superluminares.

No momento, você, leitor, pode questionar: "Como algo tão pouco 'prático' e empírico pode mobilizar tanto esforço teórico e não ter nada de constatável?". Em tempos de recursos escassos para a pesquisa científica, o cidadão moderno que levanta esse questionamento pode estar coberto de razão. No entanto, a resposta para essa pergunta reside na solução das inquietações que envolveram Carlos Drummond de Andrade (2015) na escrita do poema "As contradições do corpo": O que, na verdade, somos? Como podemos entender e interagir com o tempo e o espaço através de instrumentos tão simplórios como nossos sentidos? Novamente, o leitor crítico pode argumentar que, ao não conseguirmos fornecer respostas para as últimas perguntas, estamos gastando recursos públicos de forma irresponsável em uma pesquisa que não acarretará uma melhora para a sociedade. Tal acusação não é razoável nesse tipo de investigação científica, uma vez que a compreensão da natureza pode permitir alterá-la, porém essa não é uma regra absoluta. Contemplá-la e participar dela de forma consciente talvez seja um dos papéis mais dignos de nossa espécie, e indivíduos agraciados com a capacidade perscrutar esses recônditos da natureza devem ser incentivados e apoiados.

Radiação residual

- O efeito Doppler é uma evidência clássica de como o movimento altera o comportamento das grandezas físicas. Com o desenvolvimento da teoria da relatividade, o efeito Doppler da luz pode ser compreendido de forma experimental e mais ampla em fenômenos astronômicos.
- Os paradoxos da relatividade surgem da aparente contradição existente na descrição da realidade para indivíduos que estejam em repouso ou em movimento. Esses paradoxos são solucionados por meio da descrição do movimento baseada no princípio da constância da velocidade da luz.

- A existência de partículas com velocidades superluminares é possível, de acordo com a descrição das interações gravitacionais e eletromagnéticas por meio de partículas elementares. A despeito das poucas evidências experimentais, a teoria desses fenômenos é bem estruturada e muito promissora.

Testes quânticos

1) Em um lugar na superfície da Terra onde a velocidade do som é de 340 m/s, Luíza canta em voz alta emitindo uma única nota de 400 Hz, enquanto anda de bicicleta na direção de Emily, a 25,0 m/s. Qual das alternativas a seguir indica corretamente (I) a frequência que Emily escuta e (II) a frequência que Luíza ouviria se Emily emitisse a mesma nota?
   a) (I) 429,4 Hz e (II) 431,7 Hz.
   b) (I) 370,6 Hz e (II) 368,3 Hz.
   c) (I) 431,7 Hz e (II) 429,4 Hz.
   d) (I) 369,3 Hz e (II) 370,6 Hz.
   e) (I) 371,6 Hz e (II) 367,3 Hz.

2) Os amigos Carlos e José dirigem os respectivos carros, partindo de cidades diferentes, um em direção ao outro, com velocidades constantes. Ao ver o carro de José, Carlos começa a buzinar. O filho de José, Manuel, é um aplicado estudante do ensino médio que, em seu celular, tem um aplicativo para medir frequências. Ele resolve aplicar seus conhecimentos

de física. Quando o carro de Carlos se aproxima, Manuel detecta a frequência de 498,67 Hz e, quando se afasta, de 393,68 Hz. Manuel procura na internet qual é a velocidade do som no ar nas condições em que está e encontra o valor de 340 m/s. Diante disso, qual é, respectivamente, a velocidade de deslocamento dos dois carros em km/h e a frequência da buzina em Hz?

a) 72 km/h e 440 Hz.
b) 144 km/h e 440 Hz.
c) 72 km/h e 400 Hz.
d) 144 km/h e 400 Hz.
e) 140 km/h e 420 Hz

3) Imagine que, em breve, você poderá deslocar-se em velocidades muito altas dentro das metrópoles e, mesmo assim, deverá usar semáforos.
O comprimento de onda da cor vermelha de um semáforo equivale a 675 nm, e o da cor amarela corresponde a 575 nm. Dessa forma, é possível que você se desloque em uma velocidade na qual o sinal vermelho apareça, para você, na cor amarela, em virtude do efeito Doppler. Qual é o valor dessa velocidade em relação à velocidade da luz c?

a) $1,00\ c$
b) $0,25\ c$
c) $0,30\ c$
d) $0,16\ c$
e) $0,50\ c$

4) Com base no que foi apresentado neste quarto capítulo, indique se as afirmativas a seguir são verdadeiras (V) ou falsas (F):

( ) A contração do espaço detectada em experimentos com raios cósmicos deriva de uma limitação dos instrumentos de medida que existiam na época das observações.

( ) Tanto o tempo para o múon quanto o espaço para a Terra são contraídos durante o movimento do primeiro em velocidade próxima à da luz.

( ) Os paradoxos surgem na relatividade nos casos da dilatação do tempo e na contração do espaço, sendo resolvidos pelas considerações a propósito da transmissão das informações entre os participantes.

( ) A detecção dos fenômenos relativos à dilatação do tempo são mais numerosos na física experimental do que aqueles concernentes à contração do espaço.

( ) As velocidades superluminares consistem em uma realidade totalmente detectável em nosso universo.

Agora, assinale a alternativa que apresenta a sequência obtida:

a) F, V, F, V, F.
b) V, V, F, F, V.
c) F, F, V, V, F.
d) V, F, V, F, V.
e) F, F, V, F, V.

5) Em seu 21º aniversário, uma astronauta parte em uma espaçonave. Após 4,5 anos, ela observa seu relógio e decide retornar para casa na mesma velocidade, a fim de celebrar seu aniversário junto de seu irmão gêmeo, que ficou em casa. Ao chegar ao seu planeta, seu irmão conta que vai comemorar seu 36° aniversário. Qual das alternativas a seguir indica, corretamente, com qual velocidade a astronauta se deslocou na viagem? Considere c a velocidade da luz.
   a) 0,2 c
   b) 0,4 c
   c) 0,6 c
   d) 0,8 c
   e) 0,9 c

Interações teóricas
Computações quânticas

1) Aplicando-se o teorema de Pitágoras, é possível descrever a diferença entre os intervalos de tempo para os irmãos Caixeiro e Taciturno na situação descrita no box "Simulações" da Seção 4.3? Explique essa questão e compartilhe a informação com seus colegas, verificando as diferenças de interpretação.

2) Manuel continua manipulando as equações do efeito Doppler e procura uma expressão que relaciona a diferença entre as frequências ouvidas na aproximação e no afastamento. Demonstre como Manuel obtém a seguinte expressão:

$$\Delta f = \frac{2\dfrac{v_R}{v_s}}{\left(1-\dfrac{v_R^2}{v_s^2}\right)} f$$

em que:

- v_R é a velocidade relativa entre os dois veículos;
- v_s é a velocidade do som;
- f é a frequência da fonte sonora;
- Δf é a diferença entre as frequências.

Relatório do experimento

1) Construa os experimentos para detecção do efeito Doppler descritos por Fernandes et al. (2016) e verifique a magnitude das alterações desse fenômeno no som nas velocidades do dia a dia. Use seu conhecimento matemático para estimar essa magnitude na luz.

FERNANDES, A. C. P. et al. Efeito Doppler com tablet e smartphone. **Revista Brasileira de Ensino de Física**, v. 38, n. 3, e3504-1-8, 2016. Disponível em: <https://www.scielo.br/pdf/rbef/v38n3/1806-1117-rbef-38-03-e3504.pdf>. Acesso em: 17 dez. 2020.

Momento, energia e massa

5

Primeiras emissões

Para continuarmos nossa discussão sobre a teoria da relatividade, deveremos avançar no estudo da dinâmica e na compreensão do conceito de energia, que será muito útil na descrição das incríveis partículas elementares.

Conforme discutimos, a dinâmica é a parte da mecânica que estuda a origem dos movimentos descritos pela cinemática. Na mecânica newtoniana, a origem das **mudanças** nos movimentos dos corpos é a força.

Destacamos a palavra *mudanças* pois, no mundo newtoniano, o estado natural dos corpos é o movimento, o que o difere do universo aristotélico. Há uma grandeza, tão abrangente em seu significado quanto os conceitos de espaço e tempo, que mede a resistência de um corpo ou sistema a essas mudanças. Trata-se da massa. Cabe observar que, em nosso dia a dia, compreender a diferença entre a força e a massa não é tão simples como poderíamos imaginar.

Ao abordarmos a teoria da relatividade, as mudanças em duas grandezas fundamentais na descrição dos papéis das forças no mundo newtoniano tornam-se a base de nossa discussão. Essas grandezas são o momento linear e a constância da velocidade da luz.

5.1 As forças e a teoria da relatividade especial

Assim como na mecânica clássica não é possível "deduzir" as forças com base da segunda lei de Newton – uma estrutura matemático-filosófica que relaciona a força com as mudanças causadas no movimento dos sistemas –, não podemos definir a força do ponto de vista da relatividade. Precisaremos, portanto, dos mesmos artifícios matemáticos e conceituais (momento linear, torque) para encontrar as equivalentes relativísticas das grandezas da dinâmica clássica.

No entanto, as analogias entre forças clássicas e relativísticas causam certos problemas, discutidos anteriormente. Por exemplo, as forças elétrica e magnética estão em conformidade com a relatividade, pois seus sinais se deslocam no máximo na velocidade da luz c. Por outro lado, também é problemático descrever a gravidade como uma força mediada por partículas, como no caso de partículas que se deslocam com velocidade superior à da luz.

Um ramo da mecânica que se desenvolveu posteriormente aos trabalhos de Newton é a mecânica racional, cujos expoentes foram os trabalhos de Joseph-Louis Lagrange (1736-1813), Jean Baptiste Joseph Fourier (1768-1830) e William Rowan Hamilton (1805-1865). Nesse tipo de representação, as leis de conservação são fundamentais e os princípios de mínima ação são utilizados para descrever o complexo movimento de conjuntos de corpos. O próprio Hamilton mobilizou analogias com o movimento mecânico para descrever fenômenos ópticos (Griffiths, 2013). Uma delas consiste em utilizar o princípio da mínima ação – que fornece a menor trajetória descrita por um corpo com energia mecânica finita ao percorrer meios diferentes – como base para a obtenção da lei de Snell-Descartes – que apresenta a relação entre a trajetória descrita pelos raios de luz ao passarem por diferentes meios refringentes.

Nesse sentido, podemos fazer duas afirmações importantes: (1) é possível obter todos os equivalentes das leis da dinâmica por meio de princípios de conservação; (2) se conseguirmos reescrever as leis de conservação com as imposições relativísticas, obteremos suas novas versões.

Um princípio de conservação muito conhecido da física, relacionado à matéria/massa (posteriormente, discutiremos a sutil diferença entre os conceitos), estabelece que, na ausência de fontes ou sorvedouros, a massa de um sistema tende a permanecer constante. Trata-se do chamado *princípio da conservação da massa*. Note que, para Newton, a massa era entendida como a quantidade de matéria e sua famosa "Definição I" não fornece muitas explicações sobre o problema: "A quantidade de matéria é a medida da mesma, obtida conjuntamente a partir de sua densidade e volume" (Newton, 1990, p. 1).

Atualmente, usamos a massa como uma medida da inércia e, por isso, para corpos extensos, a melhor medida da inércia, que leva em conta sua distribuição espacial, é o momento de inércia.

Um problema surge tão logo passamos a considerar que a inércia deve ser uma medida da própria natureza de todos os corpos: a massa medida pela interação gravitacional coincide com a massa obtida por medidas de outras formas de interação (eletromagnética, por contato etc.).

Será esse resultado apenas uma coincidência ou haveria uma ligação mais intrínseca entre a massa gravitacional e a inercial?

A teoria da relatividade possibilita que se compreenda melhor essa questão e mostra que ambas as medidas são faces diferentes de um mesmo fenômeno.

5.2 A conservação do momento linear

O segundo princípio de conservação que evocaremos neste livro é o princípio de conservação do momento linear, segundo o qual, na ausência de forças externas a um sistema, o momento linear total se conserva.

Dessa forma, reescrevendo a lei de Newton pela variação do momento linear, obtemos a Equação 5.1.

Equação 5.1

$$\vec{F} = \frac{d\vec{P}}{dt}$$

em que:

- P é o momento linear dado pela Equação 5.2.

Equação 5.2

$$\vec{P} = m\vec{v} = m\frac{d\vec{x}}{dt}$$

Desse modo, a Equação 5.1 traz em si a conservação da massa, como podemos verificar pela Equação 5.3.

Equação 5.3

$$\frac{d\vec{P}}{dt} = \frac{d(m\vec{v})}{dt} = \frac{dm}{dt}\vec{v} + m\frac{d\vec{v}}{dt}$$

Portanto, para os casos em que há conservação da massa $\frac{dm}{dt} = 0$, retornamos à representação clássica da força (Equação 5.4).

Equação 5.4

$$\frac{d\vec{P}}{dt} = m\frac{d\vec{v}}{dt} = m\vec{a}$$

em que:

- $\vec{a}$ é a aceleração translacional do corpo.

Na nova abordagem da relatividade, devemos pensar que a variação do tempo é alterada pela ação do movimento. Inicialmente, consideraremos que, se espaço e tempo variam de forma diferente em relação à perspectiva clássica, o outro absoluto também deve alterar-se: a massa. Assim, a massa é uma função da velocidade de translação do corpo que a encerra (Equações 5.5 e 5.6).

Equação 5.5

$$m = m(v); v = |\vec{v}|$$

Equação 5.6

$$\vec{p} = m(v)\vec{v}$$

No primeiro capítulo, discutimos que o momento linear não era visto de forma diferente pelo movimento de um sistema de referência com velocidade constante. Uma situação em que o momento linear total de um sistema não é alterado, apesar de muitas mudanças na configuração final do sistema, é a colisão entre partículas. Os processos de colisão são muito importantes para determinar a natureza das forças que atuam nos corpos. Por exemplo, o conhecimento das partículas elementares e mesmo o do núcleo atômico foram possíveis graças a pesquisas baseadas em colisões.

A fim de pensarmos na conservação do momento linear, imaginemos um problema muito simples envolvendo duas partículas em colisão elástica – isto é, uma colisão em que o momento linear total e a energia cinética total do sistema não se alteram no decorrer do tempo –, na ausência de forças externas. A Figura 5.1 ilustra essa situação e apresenta o comportamento com o sistema de referência em movimento com velocidade constante.

Figura 5.1 – Ilustração de uma colisão

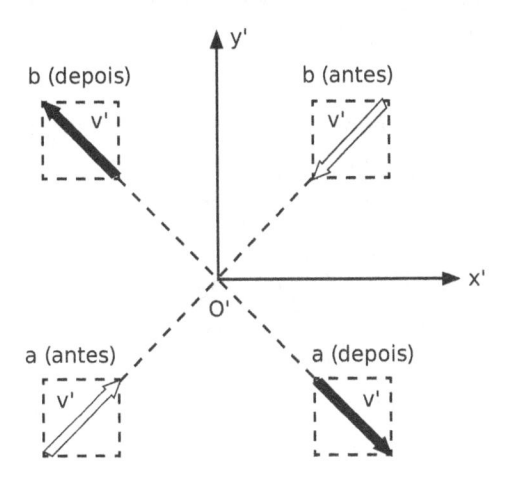

Fonte: Nussenzveig, 2003, p. 209.

Devemos pensar nas componentes em x' e y' das velocidades das partículas *a* e *b*. Para facilitar a compreensão, vamos observar a Tabela 5.1.

Tabela 5.1 – Componentes das velocidades das partículas *a* e *b* em S' antes e depois da colisão

Situação	x'	y'	x'	y'
Antes	v_x'	v_y'	$-v_x'$	$-v_y'$
Depois	v_x'	$-v_y'$	$-v_x'$	v_y'
	Partícula *a*		Partícula *b*	

Em seguida, podemos reescrever as componentes em termos das velocidades no referencial S' e da velocidade do referencial. Para isso, precisamos pensar na composição de velocidades relativísticas, conforme a Tabela 5.2.

Tabela 5.2 – Componentes das velocidades das partículas *a* e *b* em S antes e depois da colisão

Situação	x	y	x	y
Antes	$\dfrac{(v_x' + V)}{\left[1 + \left(v_x' V/c^2\right)\right]}$	$\dfrac{\sqrt{(1-\beta^2)}\,v_y'}{\left[1 + \left(v_x' V/c^2\right)\right]}$	$\dfrac{(-v_x' + V)}{\left[1 - \left(v_x' V/c^2\right)\right]}$	$\dfrac{-\sqrt{(1-\beta^2)}\,v_y'}{\left[1 - \left(v_x' V/c^2\right)\right]}$
Depois	$\dfrac{(v_x' + V)}{\left[1 + \left(v_x' V/c^2\right)\right]}$	$\dfrac{-\sqrt{(1-\beta^2)}\,v_y'}{\left[1 + \left(v_x' V/c^2\right)\right]}$	$\dfrac{(-v_x' + V)}{\left[1 - \left(v_x' V/c^2\right)\right]}$	$\dfrac{\sqrt{(1-\beta^2)}\,v_y'}{\left[1 - \left(v_x' V/c^2\right)\right]}$
	Partícula *a*		Partícula *b*	

Os módulos das velocidades das partículas *a* e *b* não se alteram, embora as componentes se alterem vetorialmente. Pela conservação do momento, temos a Equação 5.7, satisfeita claramente para a componente *x*. Contudo, a componente *y* demanda um trabalho maior.

Equação 5.7

$$\left[m(v_a)\vec{v_a} + m(v_b)\vec{v_b}\right]_{antes} = \left[m(v_a)\vec{v_a} + m(v_b)\vec{v_b}\right]_{depois}$$

Equação 5.8

$$m(v_a)\frac{\sqrt{(1-\beta^2)}v_y'}{\left[1+\left(v_x'V/c^2\right)\right]} - m(v_b)\frac{\sqrt{(1-\beta^2)}v_y'}{\left[1-\left(v_x'V/c^2\right)\right]} =$$

$$= -m(v_a)\frac{\sqrt{(1-\beta^2)}v_y'}{\left[1+\left(v_x'V/c^2\right)\right]} + m(v_b)\frac{\sqrt{(1-\beta^2)}v_y'}{\left[1-\left(v_x'V/c^2\right)\right]}$$

A Equação 5.8 só será satisfeita se ambos os membros forem nulos.

Equação 5.9

$$\frac{m(v_a)}{m(v_b)} = \frac{1+\dfrac{v_x'V}{c^2}}{1-\dfrac{v_x'V}{c^2}}$$

Usando a identidade referente às velocidades relativas (Equação 5.10), obtemos as Equações 5.11 e 5.12.

Equação 5.10

$$1 - \frac{u'^2}{c^2} = \frac{\left(1 - \frac{u^2}{c^2}\right)\left(1 - \frac{V^2}{c^2}\right)}{\left(1 - \frac{uV}{c^2}\right)^2}$$

Equação 5.11

$$\sqrt{1 - \frac{v_a^2}{c^2}} = \frac{\sqrt{1 - \frac{v'}{c^2}}\sqrt{1 - \beta^2}}{1 + \frac{v_x'V}{c^2}}$$

Equação 5.12

$$\sqrt{1 - \frac{v_b^2}{c^2}} = \frac{\sqrt{1 - \frac{v'}{c^2}}\sqrt{1 - \beta^2}}{1 - \frac{v_x'V}{c^2}}$$

Associando as Equações 5.11 e 5.12, chegamos à Equação 5.13.

Equação 5.13

$$\frac{1 + \frac{v_x'V}{c^2}}{1 - \frac{v_x'V}{c^2}} = \frac{\sqrt{1 - \frac{v_b^2}{c^2}}}{\sqrt{1 - \frac{v_a^2}{c^2}}}$$

Agora, substituindo a Equação 5.13 na 5.10, chegamos à Equação 5.14.

Equação 5.14

$$\sqrt{1 - \frac{v_a^2}{c^2}} m(v_a) = \sqrt{1 - \frac{v_b^2}{c^2}} m(v_b)$$

Embora as partículas sejam idênticas, as grandezas correspondentes m(v) não serão as mesmas, a menos que as velocidades de *a* e *b* também sejam idênticas. Entretanto, a grandeza $\sqrt{1 - \frac{v^2}{c^2}} m(v)$ independe do sistema de referência, isto é, os valores podem mudar, mas a forma é a mesma; assim, temos mais um invariante. Podemos definir, portanto, uma massa de repouso para a situação em que a velocidade é nula e escrever uma dependência entre velocidade e massa (Equação 5.15).

Equação 5.15

$$m(v) = \frac{m_0}{\sqrt{1 - \frac{v^2}{c^2}}}, \, m_0 \equiv m(0)$$

Finalmente podemos voltar à Equação 5.2, que define o momento linear, e escrever o momento linear relativístico (Equação 5.16).

Equação 5.16

$$\vec{P} = m(v)\vec{v} = \frac{m_0 \vec{v}}{\sqrt{1 - \frac{v^2}{c^2}}}$$

Considerando a definição de força pela relação com o momento linear, temos $\frac{d\vec{p}}{dt} = \vec{F}$.

Aplicando a Equação 5.15 na Equação 5.16 e usando o caso particular para força e aceleração coplanares, obtemos a Equação 5.17.

Equação 5.17

$$|\vec{F}| = \frac{m}{\left(1 - \frac{v^2}{c^2}\right)^{3/2}} a$$

Ainda que a Equação 5.17 só seja válida para o caso particular da força e da aceleração coplanares, ela será útil para nosso propósito de compreender de forma geral os resultados da dinâmica relativística. Essa expressão nos fornece mais uma evidência da velocidade da luz como um limite para os corpos macroscópicos. Para levar um corpo de massa m a deslocar-se com velocidade c, uma força $\vec{F}$ deveria ser infinita, o que representa um limitante físico.

Podemos perceber que, pela Equação 5.15, quanto mais veloz é um corpo, mais sua massa tende a aumentar. Isso nos leva a entender que a inércia aumenta e, dessa forma, todos os efeitos diretamente proporcionais a ela também aumentam (por exemplo, o aumento da magnitude da força para realizar variação de movimento). Classicamente, dizemos que a variação da velocidade está relacionada com o trabalho realizado pela força, com base em um teorema bem definido. Essa associação nos permite utilizar uma grandeza que também é muito nebulosa: a energia. Na Seção 5.3, discutiremos como essa grandeza pode ser entendida do ponto de vista da relatividade.

5.3 As energias relativísticas

O conceito de energia não é tão intuitivo. Apesar de usarmos, atualmente, a energia elétrica em praticamente tudo o que fazemos e os vendedores de produtos de beleza nos dizerem que podemos aumentar nossa energia com suplementos alimentares, se nos perguntarmos seriamente "O que é energia?", não encontraremos uma resposta simples. Richard Feynman (Feynman; Leighton; Sands, 2009, p. 36) indicou essa dificuldade de enunciar o conceito de energia:

> Ainda não sabemos o que é energia... não sabemos por ser a energia uma coisa "estranha". A única coisa de que temos certeza e que a Natureza nos permite observar é uma realidade, ou se prefere, uma lei chamada "Conservação da Energia". Esta lei diz que existe "algo", uma quantidade que chamamos energia,

que se modifica em forma, mas que a cada momento que a medimos ela sempre apresenta o mesmo resultado numérico. É incrível que algo assim aconteça. Na verdade é muito abstrato, matemático até, e por ser assim tentemos ilustrá-lo com uma analogia...

O autor utiliza uma analogia com pequenos blocos que podem ser pintados, remontados em uma nova construção, mas jamais destruídos.

Em livros didáticos, é comum a definição de energia como uma quantidade indestrutível que permite a realização de trabalho. Aqui, trata-se de trabalho no sentido da física, ou seja, a variação da posição de um corpo ou da configuração de um sistema de partículas pela ação de uma força, de maneira simplificada.

Equação 5.18

$$W = \vec{F} \cdot \Delta \vec{X}$$

A Equação 5.18 indica que o trabalho é uma grandeza escalar, podendo ser negativo ou positivo. Para o caso de uma força que varia no espaço, deveremos fazer uma integral, de modo que a Equação 5.18 assume a forma da Equação 5.19.

Equação 5.19

$$W = \int_{x_1}^{x_2} \vec{F} d\vec{x}$$

Nesse contexto, W é o trabalho realizado pela força $\vec{F}$ entre os pontos x_1 e x_2. Podemos utilizar a força escrita do ponto de vista relativístico por meio da Equação 5.17. No próximo passo, deveremos acreditar que a força tem a mesma direção e o mesmo sentido que o corpo desenvolve, o que nos fornece a Equação 5.20.

Equação 5.20

$$W = \int_{x_1}^{x_2} \vec{F} d\vec{x} = \int_{x_1}^{x_2} \frac{ma}{\left(1 - \frac{v^2}{c^2}\right)^{3/2}} dx$$

Usando algumas manipulações, dadas por $adx = \frac{dv_x}{dt}dx$; $v_x = \frac{dx}{dt}$; $a = v_x dv_x$, e o teorema trabalho-energia cinética, segundo o qual a variação de energia cinética é igual ao trabalho realizado por uma força, e aplicando a Equação 5.19 na Equação 5.20 a uma partícula que sai do repouso, obtemos a Equação 5.21.

Equação 5.21

$$\Delta K = W = \int_0^v \frac{m v_x dv_x}{\left(1 - v^2/c^2\right)^{3/2}}$$

Como a variação da energia cinética é $K - K_0$, em que K_0 é a energia cinética inicial, se resolvermos a integral por uma simples mudança de variável, a energia cinética da partícula com velocidade v será expressa pela Equação 5.22.

Equação 5.22

$$K = \frac{mc^2}{\sqrt{1-v^2/c^2}} - mc^2 = (\gamma - 1)mc^2$$

É importante lembrar, na Equação 5.22, que $\gamma = \frac{1}{\sqrt{1-v^2/c^2}}$. Desse modo, diremos que, assim como a massa apresenta sua versão em repouso, a energia cinética apresenta sua versão "energia de repouso", a qual chamaremos de *E* e cujo valor é expresso pela Equação 5.23.

Equação 5.23

$$E = mc^2$$

Colisões de átomos

A Equação 5.23 talvez seja a mais famosa da física, muito embora sua compreensão, assim como sua dedução, não seja uma tarefa simples. *Grosso modo*, ela indica que a massa é uma energia em grande escala. Uma pequena massa de 1 g pode produzir uma energia de $8 \cdot 10^{15}$ J. Em termos comparativos, o World Factbook da Agência Central de Inteligência dos Estados Unidos (Indexmundi, 2020) estimou que o consumo energético de um brasileiro no ano de 2018 foi de 2,438 kWh, o que corresponde a $8{,}78 \cdot 10^6$ J, isto é, um nano (10^{-9}) da energia correspondente a 1 g de massa. É interessante notar que a Equação 5.22 não postula limitações sobre a natureza da matéria; portanto, pode tratar-se de um grama de qualquer substância (é claro, do ponto de vista teórico).

Podemos pensar que a energia de repouso K_0 é uma propriedade da própria matéria. Assim, a soma da energia cinética, causada pela mudança de posição no decorrer do tempo (velocidade), com essa energia de repouso equivale a uma energia total do corpo de massa m (Equação 5.24).

Equação 5.24

$$K + mc^2 = \frac{mc^2}{\sqrt{1 - v^2/c^2}} = \gamma mc^2 = E_T$$

No Quadro 5.1, relacionamos a energia de repouso, a energia cinética e a energia total com as respectivas expressões matemáticas.

Quadro 5.1 – Grandezas de energia e suas expressões matemáticas

Grandeza	Expressão
Energia de repouso	$E = mc^2$
Energia cinética	$K = (\gamma - 1)mc^2$
Energia total	$E_T = \gamma mc^2$

Perceba que *energia total* é apenas uma denominação, não correspondendo, pois, à energia mecânica total da mecânica clássica, a qual consiste na soma da energia cinética com a energia potencial.

Por meio do princípio de conservação da energia, podemos perceber suas transformações na interação com a matéria. Para tanto, analisaremos alguns exemplos a seguir, na seção "Simulações".

Simulações

1. A primeira partícula subatômica obtida, antes mesmo da consolidação da hipótese do átomo, foi o elétron. Em 1897, Joseph John Thomson (1856-1940) determinou a massa e a carga do elétron q. Para uma compreensão melhor dessa partícula, propomos as seguintes atividades:

a) Calcule a energia de repouso de um elétron. Dados: $m = 9,11 \cdot 10^{-31}$ kg, $q = -e = -1,6 \cdot 10^{-19}$ c.

b) Determine a velocidade de um elétron acelerado por um campo elétrico, a partir do repouso, com diferença de potencial igual a 10 kV e 10 MV.

Resolução

A energia de repouso do elétron E é dada por:

$$E = mc^2 = 9,11 \cdot 10^{-31} \text{ kg} \cdot \left(3 \cdot 10^8 \text{ m/s}\right)^2 = 8,2 \cdot 10^{-14} \text{ J}$$

Note que essa energia é muito pequena se comparada às energias medidas no dia a dia. Por conta disso, na física de partículas, convencionou-se a utilização de outras unidades para medir a energia. Uma delas é o elétron-volt (1 eV), a energia necessária para acelerar um elétron submetido a uma diferença de potencial elétrico de 1 V, ou seja:

$$1\ eV = q\Delta V = 1,6 \cdot 10^{-19}\ C1V = 1,6 \cdot 10^{-19}\ C1J/c = 1,6 \cdot 10^{-19}\ J$$

Dessa forma, a energia de repouso do elétron equivale a $E = 0,51 \cdot 10^6$ eV $= 0,51$ MeV – o múltiplo MeV indica megaelétron-volt.

Para determinarmos a velocidade do elétron, devemos imaginar que todo o trabalho realizado pelo campo elétrico é convertido em energia cinética e pode ser obtido com base na energia potencial elétrica fornecida pelo campo. Vejamos o cálculo, primeiramente, do valor de potencial menor:

$$E_c = q\Delta V = 1,6 \cdot 10^{-31}\ kg \cdot 10^4\ V = 10^4\ eV$$

Nessa expressão, não estamos preocupados com o sinal da carga do elétron, pois procuramos apenas a magnitude da velocidade desenvolvida por ele e não sua direção em relação ao campo elétrico. Usando, agora, a expressão relativística da energia cinética adquirida, podemos determinar a velocidade:

$$E_c = 10^4\ eV \Rightarrow (\gamma - 1)mc^2 = 10^4\ eV \Rightarrow$$

$$(\gamma - 1)0,52 \cdot 10^6\ eV = 10^4\ eV \Rightarrow$$

$$(\gamma - 1) \approx 2 \cdot 10^2 \Rightarrow \gamma = 1,02$$

Então, podemos isolar v dentro de γ:

$$\gamma = \frac{1}{\sqrt{1-v^2/c^2}} = 1{,}02 \Rightarrow 1 - \frac{v^2}{c^2} = \frac{1}{1{,}02} \Rightarrow v \approx 0{,}2\,c$$

É possível fazer o mesmo procedimento para o caso da energia maior, com valor 10 MeV, de modo a obter $v \approx 0{,}98\,c$.

Este é um exercício de aplicação de conceitos, no qual utilizamos a unidade mais comumente aplicada na área de partículas elementares. No próximo exemplo, veremos o que obtemos por meio da interação da massa.

2. Considere o exercício proposto por Hugh D. Young e Roger A. Freedman (2016, p. 189):

> Dois prótons (cada um com $m_p = 1{,}67 \cdot 10^{-27}$ Kg) estão se movendo inicialmente com velocidades de módulos iguais e sentidos opostos. Depois da colisão eles continuam a existir, porém, ocorre a produção de um píon neutro de massa $m_\pi = 2{,}40 \cdot 10^{-28}$ kg. Supondo que todas as três partículas permanecem em repouso depois da colisão, calcule a velocidade inicial dos prótons. A energia é conservada na colisão.

Resolução

A resolução desse tipo de problema consiste em pensar que a energia de repouso se torna energia cinética ou, considerando-se a linha de tempo do problema, que a energia cinética se torna energia de repouso:

$$E_c = 2(\gamma - 1)m_p c^2 = 2m_p c^2 + m_\pi c^2 = E_{próton} + E_\pi$$

Novamente, podemos obter as velocidades por meio de de γ:

$$(\gamma - 1) = 1 + \frac{m_\pi}{2m_p} \Rightarrow \gamma = 2 + \frac{2{,}4 \cdot 10^{-28} \text{ kg}}{2 \cdot 1{,}67 \cdot 10^{-27} \text{ kg}} \Rightarrow \gamma \approx 2{,}072$$

Com manipulações simples, chegamos a $v \approx 0{,}72$ c. Em problemas desse tipo, é fundamental sempre pensar que, em uma perspectiva relativística, a conservação da massa e a conservação da energia não são mais processos separados, mas dependentes um do outro.

5.4 Relação entre momento e energia na relatividade

Nos séculos XVIII e XIX, os estudiosos dos fenômenos mecânicos associaram as variáveis com que descreviam a dinâmica – chamadas *variáveis canônicas* – às grandezas físicas, principalmente no caso de conjuntos de elementos (conjunto de partículas de um gás, conjunto de estrelas etc.).

Essa área da física cresceu de maneira considerável e apresentou resultados interessantes, sendo um deles, justamente, a associação entre o momento linear e a energia cinética. Essa ligação foi realizada pela hamiltoniana clássica. Na seção anterior, obtivemos uma expressão simples para momento linear e energia cinética. Vejamos, agora, se podemos estabelecer uma relação semelhante.

Voltando à definição de momento linear relativístico, temos a Equação 5.25.

Equação 5.25

$$\vec{P} = \frac{m_0 \vec{v}}{\sqrt{1 - \frac{v^2}{c^2}}} = \gamma \vec{P_0}$$

E, para a energia relativística total, temos a Equação 5.26.

Equação 5.26

$$E_T = \gamma m_0 c^2$$

Elevando ao quadrado os dois membros das Equações 5.24 e 5.25, encontramos as Equações 5.27 e 5.28.

Equação 5.27

$$P^2 = \frac{m_0^2 v^2}{1 - v^2/c^2}$$

Equação 5.28

$$\left(\frac{E_T}{m_0 c^2} \right)^2 = \frac{1}{1 - v^2/c^2}$$

Nesse caso, P^2 é o módulo do momento linear ao quadrado, pois se trata de uma grandeza vetorial. Dividindo a Equação 5.25 por $m_0^2 c^2$, chegamos à Equação 5.29.

Equação 5.29

$$\frac{P^2}{m_0^2 c^2} = \frac{v^2/c^2}{1-v^2/c^2}$$

Subtraindo as Equações 5.29 e 5.28, encontramos

$$\left(\frac{E_T}{m_0 c^2}\right)^2 - \frac{P^2 c^2}{(m_0 c^2)^2} = \frac{1}{1-v^2/c^2} - \frac{v^2/c^2}{1-v^2/c^2} = 1 \text{ e, finalmente,}$$

a Equação 5.30.

Equação 5.30

$$E_T^2 = P^2 c^2 + \left(m_0 c^2\right)^2$$

A Equação 5.30 assemelha-se a uma soma pitagórica; porém, é interessante perceber o quanto a expressão se aproxima de uma contribuição em um vetor. Uma parte da energia advém da própria massa e outra, do termo cinético do corpo. Trata-se de uma expressão muito útil na obtenção de termos relativísticos para as equações da mecânica quântica.

Radiação residual

- Por meio dos princípios de conservação, é possível obter expressões que relacionam o momento linear relativístico com sua versão clássica.
- Com base no momento linear, percebemos que a massa do corpo depende de sua velocidade e a interpretamos como uma medida de resistência ao movimento.
- A energia cinética pode ser obtida por meio dos mesmos princípios de conservação, e a própria massa é uma forma de energia.
- A energia total dos corpos pode ser relacionada com seu momento linear de forma semelhante ao tratamento clássico, distinguindo-se apenas pela soma de uma energia de repouso.

Testes quânticos

1) Sobre a energia de repouso, é correto afirmar:
   a) É associada à energia potencial, que depende apenas da posição.
   b) É obtida a partir de um limite da energia cinética.
   c) É uma soma da energia cinética e da energia potencial.
   d) É obtida apenas quando o corpo está em movimento.
   e) É obtida apenas quando o corpo sai do repouso.

2) Com base na relação entre força e energia, analise as afirmativas a seguir e indique se são verdadeiras (V) ou falsas (F):

( ) A energia potencial é obtida por meio de uma força conservativa.

( ) A energia de repouso, teoricamente, independe da natureza química da matéria e da força aplicada sobre o corpo.

( ) A energia total está associada a termos cinéticos e potenciais de forças constantes.

( ) A energia total sempre se conserva na presença de forças dissipativas.

( ) A energia, em relatividade, independe da força.

Agora, assinale a alternativa que apresenta a sequência obtida:

a) V, V, F, F, F.
b) V, V, V, F, F.
c) V, F, V, F, F.
d) F, F, V, F, V.
e) F, V, V, F, F.

3) Qual das afirmações a seguir relaciona, de maneira correta, os significados revolucionários de momento e energia?

a) A energia eletromagnética apresenta uma inércia, e a radiação eletromagnética, um momento linear.

b) A energia eletromagnética relaciona-se com o momento linear da radiação eletromagnética pela massa.

c) A energia eletromagnética e o momento linear da radiação eletromagnética estão relacionados pela inércia.

d) A energia eletromagnética e o momento linear da radiação eletromagnética estão relacionados pela força elétrica.

e) A energia eletromagnética e o momento linear da radiação eletromagnética estão relacionados pela força magnética.

4) Sobre a unificação entre princípios de conservação da física realizada pela teoria da relatividade especial (TRE), é correto afirmar:

a) a TRE unificou o princípio de conservação do momento linear e o princípio de conservação da energia.

b) A TRE unificou o princípio de conservação da massa e o princípio de conservação da energia.

c) A TRE unificou o princípio de conservação do momento linear e o princípio de conservação do momento angular.

d) A TRE unificou o princípio de conservação do momento linear e o princípio de conservação da massa.

e) A TRE unificou o princípio de conservação da massa e o princípio de conservação do momento angular.

5) Qual das alternativas a seguir apresenta apenas invariantes na relatividade?
   a) Momento linear relativístico e espaço relativístico.
   b) Energia de repouso e tempo relativístico.
   c) Instante relativístico e intervalo espaço-tempo relativístico.
   d) Momento linear relativístico e intervalo espaço-tempo relativístico.
   e) Velocidade da luz e espaço relativístico.

Interações teóricas
Computações quânticas

1) Quais são, do ponto de vista tecnológico, os limites na conversão da matéria em energia? Procure criar um painel com perspectivas favoráveis e contrárias a esse processo e compare-o com as contribuições de seus colegas.

2) No Capítulo 4, discutimos a questão das partículas que poderiam deslocar-se na velocidade da luz. Diante do exposto neste quinto capítulo, qual seria a massa dessas partículas? Elas poderiam ter uma energia negativa?

3) Demonstre que podemos retornar à expressão clássica para a energia cinética $K = \dfrac{mv^2}{2}$ partindo da formulação $E = mc^2$. O desenvolvimento dessa demonstração passa por uma expansão em série de Taylor do termo $(\gamma - 1)$ quando perto do limite clássico, que significa $v \ll c$.

4) Demonstre que a razão entre a representação clássica e a relativística da energia cinética R_K é dada por:
$$R_K = \dfrac{\beta^2}{2(\gamma - 1)}$$
Considere que $\beta = \dfrac{v}{c}$.

5) Obtenha a expressão clássica da energia cinética por meio da expressão relativística. Lembre-se de que $\dfrac{1}{1-x^2} \approx 1 + \dfrac{x^2}{2}$ para $x \ll 1$.

Relatório do experimento

1) Uma relação muito importante para o desenvolvimento teórico da relatividade restrita em relação a suas aplicações tecnológicas é a relação da radiação eletromagnética com a matéria, baseada nos trabalhos de Einstein. Para estabelecer uma

conexão entre as aplicações modernas dos trabalhos de Einstein e suas primeiras contribuições teóricas, elabore um fichamento de dois textos modernos, a saber:

KLEPPNER, D. Relendo Einstein sobre radiação. **Revista Brasileira de Ensino de Física**, v. 27, n. 1, p. 87-91, 2004. Disponível em: <https://www.scielo.br/pdf/rbef/v27n1/a09v27n1.pdf>. Acesso em: 16 dez. 2020.

NUSSENZVEIG, H. M. A inércia da energia. In: NUSSENZVEIG, H. M. **Curso de física básica**. São Paulo: E. Blücher, 2003. v. 4: Física moderna e óptica. p. 216.

Introdução à relatividade geral

6

Primeiras emissões

Uma vez entendido como a energia se comporta no limite relativístico, poderemos pensar no que ocorre com o tempo e o espaço quando o sistema de referência não se desloca com velocidade constante, apresentando um comportamento acelerado. Além disso, veremos que a relatividade, além de uma forma de representação da cinemática e da dinâmica da natureza, é, também, uma teoria da gravitação.

6.1 Desafios que geraram a teoria da relatividade geral

A relatividade restrita apresenta, conforme discutimos, suas explicações dos fenômenos da natureza com base em duas áreas da física de grande valor: o eletromagnetismo e a física das partículas elementares. No entanto, ao não se restringir à análise da relatividade dos fenômenos da natureza para sistemas com velocidades constantes, a teoria trata, em sua formulação geral, de duas outras áreas da física de enorme relevância: a gravitação e a cosmologia.

Em ambas as formulações, a teoria da relatividade nos desafia com indagações filosóficas profundas sobre o significado do tempo e mesmo da "verdade". No caso da formulação geral, propõe questões desafiadoras sobre a natureza do próprio Universo. É possível que essa seja uma das razões responsáveis pelo grande interesse que tal teoria despertar no público geral.

Contudo, compreendê-la de forma mais ampla demanda um conhecimento matemático que, muitas vezes, está além dos próprios estudantes de graduação em Física. O motivo dessa limitação passa por vários aspectos, como o fato de, em muitas instituições de ensino superior, o conhecimento de geometria diferencial, muito importante para a compreensão mais profunda da relatividade, não fazer parte dos currículos dos cursos de Física ou corresponder a disciplinas optativas. Neste livro, abordaremos alguns desses conceitos de forma simplificada, a fim de auxiliar na compreensão de alguns resultados.

Outro fator capaz de gerar desconforto em um leitor do público não científico quando este se depara com textos de teoria da relatividade geral (TRG), mesmos que de divulgação científica, são suas aplicações cosmológicas. Estas fazem com que, muitas vezes, a teoria possa ser confundida com uma expressão de "verdade universal", pois explica a origem de todo o Universo. Talvez o maior entrave para a divulgação de toda a TRG resida nesse fato, mais até do que na limitação matemática. A ideia da existência de uma "verdade universal" apresenta grandes problemas teóricos, e afirmar que a ciência pode alcançá-la compreende problemas ainda maiores.

É possível pensar que existem dois tipos de verdade: uma verdade referente a eventos específicos que ocorrem no dia a dia, denominada *verdade objetiva*, e uma verdade relacionada à descrição de toda a natureza.

A verdade objetiva pode ser acessada por meio de experimentos científicos para situações bem específicas. Por exemplo, não conseguimos colocar um satélite em órbita usando apenas os conhecimentos da lei de Hooke, aplicada a uma mola, já que não é viável construir um estilingue tão grande para essa função. Assim, é evidente que precisamos de muitos outros conhecimentos para alcançar esse objetivo. Todavia, descobrir se duas pessoas discutiram e uma ofendeu a outra é uma tarefa bem mais complexa. Por mais que existam experimentos físicos (imagem gravada, áudio registrado e mesmo texto escrito), a subjetividade desse tipo de evento é enorme. Propor uma verdade universal nos moldes que muitas vezes desejamos implicaria a ideia de que esta seria capaz de descrever todas as situações possíveis da natureza, inclusive a discussão entre duas pessoas.

  Há uma distância grande entre as duas situações ilustradas, porém essa comparação é útil para identificar que não podemos requerer da ciência uma descrição total e definitiva do Universo. Isso porque, em muitos contextos, estarão em jogo outros elementos concernentes à produção humana, em áreas diversas, como o direito ou a teologia.

Para nos aprofundarmos ainda mais nessa discussão, podemos discutir outro exemplo dos limites da investigação humana. Alguns autores cristãos (McDowell, 1980) pontuam que não se pode alcançar a verdade sobre um evento histórico pela via do método científico, visto que o critério da reprodutibilidade não poderia ser atendido. Para esse fim, os mecanismos de análise adequados seriam o testemunho oral, o testemunho escrito e as evidências.

A análise das evidências pode passar por validação por meio de mecanismos científicos (datação por decaimento nuclear, detecção e caracterização de marcadores físico-químicos específicos etc.), mas toda a saga para estabelecer a reconstrução de um evento histórico precisa encaixar-se nos dois outros mecanismos. Todos esses métodos podem passar pela reinterpretação e pelo famoso revisionismo histórico. Não é uma tarefa simples saber se uma narrativa é de todo isenta da influência de seu tempo – a história como ciência humana já percebeu isso há muitos anos (Kolleritz, 2004; Santos, 2020).

Por esses caminhos, percebemos que não é possível usar os mesmos critérios de coerência histórica para construir a "história do Universo". Se quisermos descrever o Universo por meio de uma teoria físico-matemática, precisaremos estar sujeitos às regras de sua construção, assim como deveremos sempre revisitar as "verdades" que eventualmente surgirem.

Da mesma maneira, construir uma verdade com base em um conjunto de axiomas, enunciados e demonstrações que expliquem todo o Universo, incluindo a mente de cada indivíduo, é uma tarefa ainda mais complexa. Isso principalmente se a qualificarmos como *universal*, de modo que qualquer outro conjunto de ideias expressas por enunciados e axiomas distintos seja falso.

Podemos formular esses argumentos de outra forma, por meio de uma parte fundamental da matemática: as probabilidades. Imagine que cada teoria criada pelo gênio humano para descrever a natureza possa ser compilada em um conjunto de axiomas, enunciados e demonstrações teóricas ou experimentais. É fácil inferir que esse conjunto seria infinito e, se assumíssemos que somente um de seus elementos expressa a natureza, a probabilidade de uma mente humana encontrá-lo seria nula.

Isso não quer dizer, obviamente, que a TRG não seja acessível a todos os interessados em dedicar boa parte de sua vida a estudá-la. Essa argumentação apenas indica que não parece haver razão para afirmar que, na atualidade, exista uma teoria capaz de manifestar de maneira universal toda a natureza, tampouco que a TRG se proponha a essa tarefa.

A TRG procura apresentar os fenômenos físicos no âmbito de uma abordagem mais geral do movimento, que, sem dúvida, é fundamental para a existência humana.

Mario Bunge (1974) afirmava que a verdade é uma construção e, nesse sentido, a verdade sobre o que é nosso Universo está submetida ao tempo. Entretanto, não podemos esquecer que essa construção é realizada por intermédio da discussão de um grupo de pessoas que se debruçam sobre determinada temática. Se não preservarmos ao menos essa regra, a comunicação humana será totalmente comprometida, pois qualquer fonte de informação poderá ser desacreditada. Esse é o grande perigo da era da "pós-verdade" em que vivemos.

Voltando a nos concentrar nos temas específicos da física, trataremos, na sequência, do primeiro princípio que levou à construção da TRG.

6.2 O princípio da equivalência

A construção teórica sobre a TRG passa por uma discussão iniciada no Capítulo 1, quando abordamos o conceito de massa. Ao realizarmos um experimento aplicando uma força de qualquer natureza sobre um corpo, esta poderá ser descrita pela segunda lei de Newton, que descreve a força como o produto da massa pela aceleração. Se uma força conhecida é aplicada em um corpo, a razão entre esta e a aceleração desenvolvida denomina-se *massa inercial* m_i.

Figura 6.1 – Caso particular de uma força qualquer aplicada em um corpo de massa 4 kg

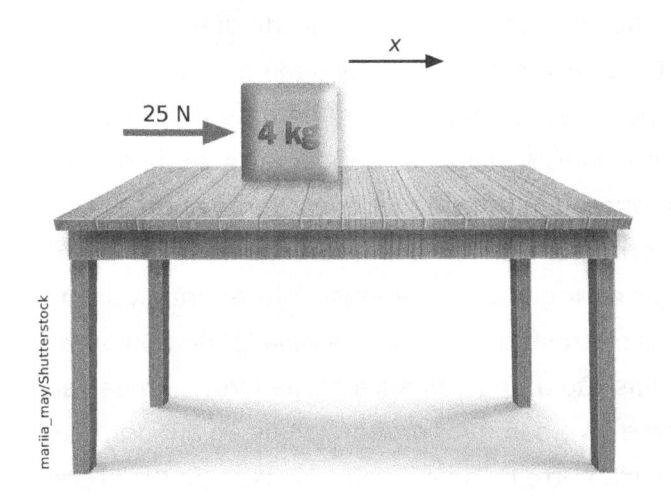

Fonte: Tipler, 2000, p. 216.

Na representação da Figura 6.1, independentemente da natureza da força $\vec{F} = 25\,N\hat{x}$ – nuclear, muscular ou qualquer outra –, o corpo descreve um movimento com aceleração de $\vec{a} = 6,25\,m/s^2$. Nesse exemplo, $\hat{x}$ é o versor que indica a direção horizontal, paralela ao plano da mesa.

No mesmo sentido, vamos analisar outra situação, ilustrada na Figura 6.2. Conhecendo-se a constante da mola (k), é possível determinar a força que gera a elongação d, com base na lei de Hooke ($\vec{F} = kd\hat{y}$).

Podemos determinar também a massa m igualando essa força elástica à força peso aplicada, pela atração gravitacional, sobre a massa, desde que conheçamos o valor da aceleração da gravidade no local.

Apesar de as forças serem de naturezas distintas, em ambas as situações, verificamos 4 kg de massa. Isso reitera a afirmação de que a força atuante sobre um corpo pode ser de qualquer natureza. Por exemplo, corpos carregados em repouso interagem mediante forças eletrostáticas descritas pela lei de Coulomb, as quais são proporcionais à carga elétrica q de cada corpo e inversamente proporcionais ao quadrado da distância entre os dois corpos. Nesse tipo de interação, constatamos que a carga é uma característica específica, pois não é verificável em forças de outras naturezas. No sentido contrário, a massa inercial corresponde a um aspecto presente em qualquer tipo de força.

Em uma análise mais completa da natureza da massa inercial, devemos distinguir entre a **massa gravitacional ativa** $m_{g1}(a)$ de um corpo 1 que produz a força gravitacional $F_{2(1)}$ e a **massa gravitacional passiva** $m_{g2}(p)$ de um corpo 2 sobre o qual atua essa força. Nesse caso, o cálculo é realizado conforme a Equação 6.1.

Figura 6.2 – Obtenção da massa de um corpo por meio da força gravitacional exercida sobre ela

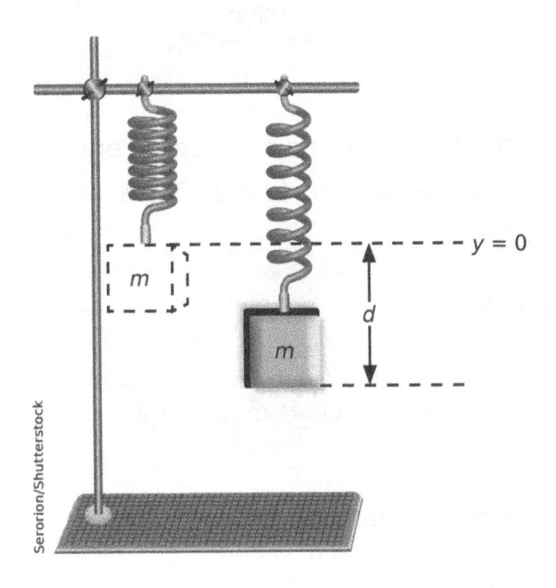

Fonte: Tipler, 2000, p. 236.

Equação 6.1

$$\vec{F}_{2(1)} = -G\frac{m_{g1}^{(a)}m_{g2}^{(p)}}{r_{12}^2}\hat{r}_{12}$$

Analogamente, a força gravitacional sobre 1 causada por 2 pode ser calculada pela Equação 6.2.

Equação 6.2

$$\vec{F_{1(2)}} = -G\frac{m_{g1}^{(p)}m_{g2}^{(a)}}{r_{12}^2}\hat{r}_{12}$$

Aplicando esse raciocínio a um corpo em queda livre na vizinhança da superfície da Terra, obtemos a Equação 6.3.

Equação 6.3

$$\vec{F_{1(T)}} = -G\frac{M_{gT}}{R_T^2}m_{g1}\hat{z} = m_{i1}\vec{a}$$

Assim, podemos definir a Equação 6.4.

Equação 6.4

$$\vec{a} = -G\frac{M_{gT}}{R_T^2}\left(\frac{m_{g1}}{m_{i1}}\right)\hat{z}_{12}$$

No entanto, é um fato experimental que a aceleração da queda livre é a mesma para todos os corpos na superfície da Terra. Concluímos, por meio da Equação 6.4, que a razão entre as massas é uma constante universal com valor unitário. Desse modo, chegamos à Equação 6.5.

Equação 6.5

$$m_g = m_i$$

Trata-se de um resultado incrível, pois demonstra que a definição de uma força não é associada à outra, algo equivalente a dizer que a massa e a carga elétrica são idênticas.

Newton fez medidas com pêndulos de diferentes materiais e encontrou a relação da Equação 6.5 com precisão milesimal. Loránd Eötvös (1848-1919) e o grupo de estudos que liderava obtiveram, entre 1889 e 1922, o mesmo resultado com precisão 10^{-8} usando balanças de torção. A precisão da medida foi para 10^{-11} com P. G. Roll, R. Krotkov e R. H. Dicke, em 1964, e chegou a 10^{-12}, em 1971, com V. B. Braginsky e V. I. Panov. Einstein (citado por Nussenzveig, 2002a, p. 313) considerou essa coincidência interessante e pontuou: "Esta lei [...] da igualdade da massa inercial e da massa gravitacional foi então percebida por mim com todo o seu significado. Fiquei abismado com sua existência e conjecturei que ela deveria conter a chave para uma compreensão mais profunda da inércia e da gravitação".

Einstein tentou compreender a força da gravidade como uma força inercial – conforme definimos no Capítulo 1 –, propondo uma de suas famosas experiências mentais para imaginar uma equivalência.

Figura 6.3 – Analogia entre campo gravitacional e campo elétrico

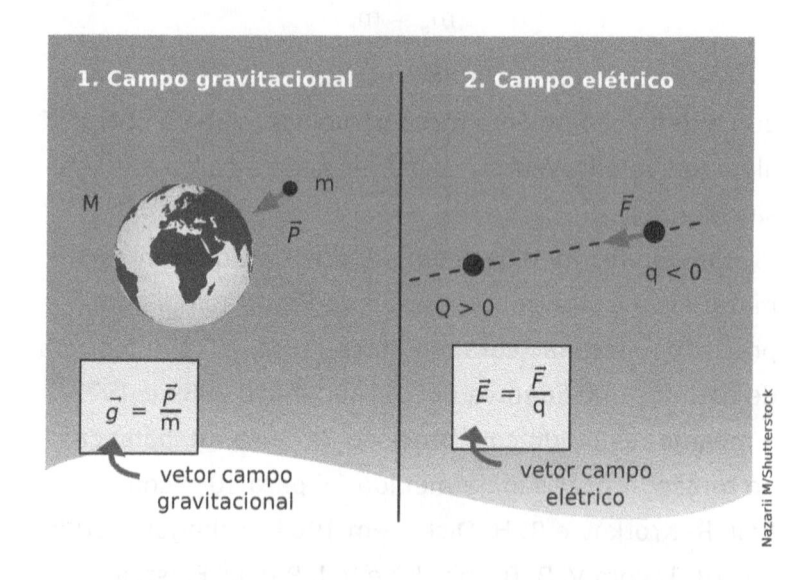

1. Campo gravitacional

M, m, $\vec{P}$

$\vec{g} = \dfrac{\vec{P}}{m}$

vetor campo gravitacional

2. Campo elétrico

$\vec{F}$, $Q > 0$, $q < 0$

$\vec{E} = \dfrac{\vec{F}}{q}$

vetor campo elétrico

Fonte: Sampaio, 2012.

Em linguagem atual, imagine um foguete saindo da superfície da Terra, perpendicularmente ou não ao solo. Se este se desloca com uma aceleração de 9,8 m/s², um observador em seu interior tem a impressão de estar sob a ação do campo gravitacional da Terra.

Figura 6.4 – Ilustração do experimento mental de Einstein para o princípio da equivalência

Nessa perspectiva, também seria possível o contrário, isto é, anular a gravidade na superfície da Terra. Assim, o princípio da equivalência é enunciado como: "Num pequeno laboratório em queda livre num campo gravitacional, as leis da física são as mesmas que num referencial inercial na ausência de campo gravitacional" (Nussenzveig, 2002a, p. 313).

Então, qual seria o efeito de uma mudança de referencial no potencial gravitacional gerado por uma massa? Essa pergunta nos guiará na próxima seção.

6.3 O potencial gravitacional e a teoria da relatividade geral

Imagine um laboratório em queda livre em um campo gravitacional uniforme e suponha que, perpendicular a esse campo, um raio luminoso é emitido por uma fonte luminosa F. Para um observador dentro do laboratório (referencial S'), a luz se propaga em linha reta. Já para um observador na parte externa, essa propagação se dá na forma de uma parábola.

Um cálculo simples demonstra que, para uma distância de 1 km na superfície da Terra, a deflexão do feixe luminoso seria de 1 Å (ångström). No decorrer deste capítulo, descreveremos o experimento que possibilitou a verificação desse dado.

Pensemos no efeito Doppler de uma fonte em um recinto em queda livre. Na Figura 6.6, a frequência f detectada por um observador, em S, ao olhar para a fonte F, com frequência f_0, é calculada pela Equação 6.6.

Equação 6.6

$$f = f_0(1-\beta) = f_0\left(1-\frac{v}{c}\right) = f_0\left(1-\frac{gt}{c}\right)$$

Todavia, considerando que $t = h/c$, obtemos a Equação 6.7.

Equação 6.7

$$f = f_0 \left(1 - \frac{gh}{c^2}\right)$$

Figura 6.5 – Representação do efeito de um campo sobre um feixe de luz

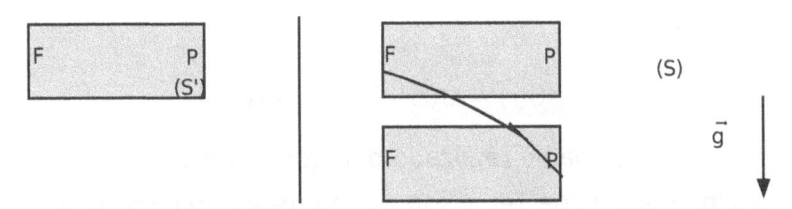

Nessa situação, o detector em P (ou seja, em S) vê $f - f_0 < 0$, o que indica um desvio para o vermelho. Se colocássemos a fonte no teto, o desvio seria para o azul. Esse tipo de experimento foi realizado dentro de aviões, sendo obtidos resultados equivalentes aos descritos aqui.

Figura 6.6 – Representação de uma fonte luminosa dentro de um laboratório em queda livre

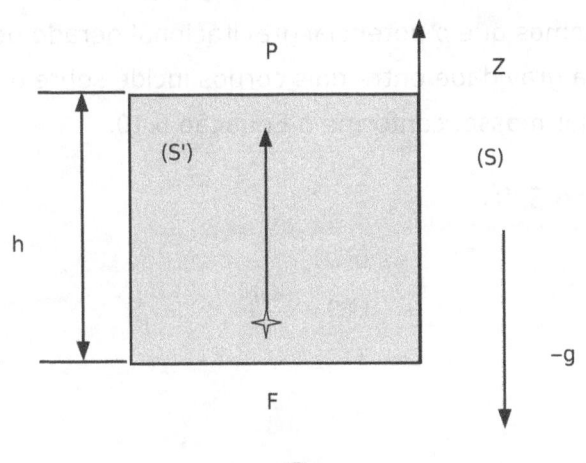

Para verificarmos o efeito desse deslocamento, precisamos pensar em termos de potencial gravitacional. Para tanto, voltaremos à definição de que o trabalho mecânico realizado por uma força entre dois pontos é igual ao oposto da variação de potencial *U* entre eles, conforme a Equação 6.8.

Equação 6.8

$$\Delta U(r) = U(r) - U(r_0) = -W$$

Como o trabalho realizado pela força gravitacional nas imediações da Terra sobre uma massa *m* é calculada como W = mgh, podemos imaginar uma massa unitária em algum sistema de unidades e, por meio da Equação 6.7, obter a Equação 6.9.

Equação 6.9

$$f_p = f_F \left[1 - \frac{(U(r) - U(r_0))}{c^2} \right]$$

Sabemos que o potencial gravitacional gerado pela força da gravidade entre dois corpos incide sobre o corpo de menor massa, conforme a Equação 6.10.

Equação 6.10

$$U(r) = \frac{-GM}{r}$$

Se considerarmos o nível zero do potencial quando a distância está no infinito, $U(r \to \infty) = 0$, em um ponto r qualquer equivalente a r_0, chegaremos à Equação 6.11.

Equação 6.11

$$f_p = f_F \left[1 - \frac{GM}{c^2 r} \right]$$

Uma vez que a frequência é o inverso do período – o intervalo de tempo entre dois eventos – para sistemas oscilatórios periódicos, a relação entre os intervalos de tempo medidos por um relógio (a emissão de luz atômica) à distância r do corpo e por outro idêntico no infinito é expressa pela Equação 6.12.

Equação 6.12

$$\Delta t(r) = \Delta t_\infty \left[1 - \frac{GM}{c^2 r} \right]$$

A Equação 6.12 indica que o relógio distante da massa anda cada vez mais rápido em comparação com o que ficou próximo dela. Trata-se de um resultado diferente daquele encontrado para a teoria da relatividade especial (TRE), porque, quanto maior for a distância em relação à massa, mais rapidamente o tempo passará.

> ### ⚛ Colisões de átomos
>
> Contudo, isso faz surgir um paradoxo: para um relógio que se desloca a partir de uma massa, a translação faz o tempo andar mais devagar; no entanto, paradoxalmente, ficar distante da massa faz com que o relógio ande cada vez mais rápido. Dessa forma, deve existir um vínculo entre as contribuições da translação e da massa. Que vínculo é esse? O espaço.

Neste ponto do raciocínio, é necessário escrever o espaço-tempo de uma forma diferente, com uma métrica apropriada, uma notação matricial. Embora não tenha sido concebida especificamente para tratar da TRG, tal notação se mostrou adequada aos propósitos dessa teoria. Esse tipo de aplicação para o estudo da natureza de uma abstração matemática com uma longa história de estudo e investigação consiste em mais uma demonstração de que a pesquisa básica pode ter diversas funções em momentos posteriores ao seu desenvolvimento.

6.4 O efeito da massa no espaço-tempo

Em relatividade restrita, define-se o intervalo de espaço-tempo *ds* entre dois eventos infinitesimalmente próximos, com coordenadas (x, y, z, t) e (x + dx, y + dy, z + dz, t + dt), por meio da Equação 6.13.

Equação 6.13

$$ds^2 = c^2dt^2 - dx^2 - dy^2 - dz^2$$

Com o auxílio das transformações de Lorentz, deduzimos as relações expressas pelas Equações 6.14, 6.15, 6.16 e 6.17.

Equação 6.14

$$x' = \gamma(x - Vt)$$

Equação 6.15

$$y' = y$$

Equação 6.16

$$z' = z$$

Equação 6.17

$$t' = \gamma\left(t - \frac{V}{c^2}x\right)$$

Façamos uma mudança para a seguinte notação: $x^0 = ct$, $x^1 = x$, $x^2 = y$, $x^3 = z$. Assim, chegaremos ao sistema com as Equações 6.18, 6.19, 6.20 e 6.21.

Equação 6.18

$$x'^1 = \gamma(x^1 - \beta x^0)$$

Equação 6.19

$$x'^2 = x^2$$

Equação 6.20

$$x'^3 = x^3$$

Equação 6.21

$$x'^0 = \gamma(x^0 - \beta x^1)$$

em que $\beta = \dfrac{v}{c}$.

Se escrevermos esse sistema de equações na forma matricial, obteremos a Equação 6.22.

Equação 6.22

$$\begin{pmatrix} x'^0 \\ x'^1 \\ x'^2 \\ x'^3 \end{pmatrix} = \begin{pmatrix} \gamma & -\beta\gamma & 0 & 0 \\ -\beta\gamma & \gamma & 0 & 0 \\ 0 & 0 & 1 & 0 \\ 0 & 0 & 0 & 1 \end{pmatrix} \begin{pmatrix} x^0 \\ x^1 \\ x^2 \\ x^3 \end{pmatrix}$$

A Equação 6.22 indica que as transformações de Lorentz equivalem a uma rotação no sistema de representação do espaço de Minkowski. Existe um ramo da matemática, chamado *geometria diferencial*, que descreve a métrica de espaços geométricos com conceitos do cálculo diferencial e generaliza a rotação representada pelas transformações de Lorentz para um espaço com qualquer número de dimensões.

Com base nesse desenvolvimento, torna-se possível escrever a transformação de uma maneira mais geral, conforme as Equações 6.23 e 6.24.

Equação 6.23

$$ds^2 = c^2dt^2 - dx^2 - dy^2 - dz^2 \equiv g_{\mu\nu}dx^\mu dx^\nu$$

em que:

- $g_{\mu\nu}$ é a matriz do tensor métrico do espaço-tempo de Minkowski.

Equação 6.24

$$(g_{\mu\nu}) = \begin{pmatrix} 1 & 0 & 0 & 0 \\ 0 & -1 & 0 & 0 \\ 0 & 0 & -1 & 0 \\ 0 & 0 & 0 & -1 \end{pmatrix}$$

Assim, chegamos à chamada *notação tensorial*. De maneira geral, um tensor é uma matriz que apresenta regras específicas para somar e multiplicar. Esse formalismo é necessário por características peculiares da matriz expressa na Equação 6.24. Nesse caso, os índices subscritos e sobrescritos são somados quando apresentam o mesmo valor.

Conhecimento quântico

Caso haja interesse em adensar o estudo acerca do formalismo das matrizes, sugerimos a leitura das seguintes publicações:

GOMIDE, F. M.; BERMAN, M. S. **Introdução à cosmologia**. São Paulo: McGraw-Hill, 1986.

GRIFFITHS, D. J. **Eletrodinâmica**. Tradução de Heloisa Coimbra de Souza. 3. ed. São Paulo: Pearson, 2011.

Essa notação facilita a obtenção de grandezas físicas. Para exemplificar, vamos definir um intervalo de tempo próprio ($d\tau$) que não é alterado por uma translação, conforme a Equação 6.25.

Equação 6.25

$$d\tau \equiv \sqrt{\frac{ds^2}{c^2}} = \sqrt{dt^2 - \frac{1}{c^2}(dx^2 + dy^2 + dz^2)}$$

Trata-se do estabelecimento de uma razão entre dois absolutos, o que resulta em um terceiro. Antes de utilizarmos as propriedades da matriz contida na Equação 6.24, podemos manipular um pouco mais a Equação 6.25, de modo a obter a Equação 6.26.

Equação 6.26

$$d\tau = dt\sqrt{1 - \frac{1}{c^2}\left(V_x^2 + V_y^2 + V_z^2\right)}$$

Na Equação 6.26, existe uma relação entre as velocidades. Na literatura especializada, expressões que obedecem a essa estrutura de relação entre as somas são consideradas grandezas de Lorentz, havendo escalares de Lorentz, vetores de Lorentz e tensores de Lorentz. Assim, o tempo próprio expresso na Equação 6.26 consiste em um escalar de Lorentz.

Pensemos em um deslocamento $X\mu$ no espaço quadridimensional descrito pela Equação 6.27.

Equação 6.27

$$X_\mu = (cdt, d\vec{r})$$

Nesse caso, o vetor deslocamento em três dimensões ($d\vec{r}$) apresenta uma componente diferente, sempre expressa na primeira posição. Com base nisso, a Equação 6.28 permite o cálculo da velocidade de Lorentz.

Equação 6.28

$$V_\mu = \frac{dX_\mu}{d\tau} = \frac{1}{\sqrt{1 - v^2/c^2}} \left(c, \frac{d\vec{r}}{dt} \right)$$

A métrica do espaço-tempo sofre alteração mediante o afastamento em relação a uma dada massa, visto que o tempo é modificado. Nesse sentido, a combinação das Equações 6.12 e 6.13 produz a Equação 6.29.

Equação 6.29

$$ds^2 = c^2\Delta t^2 \left[1 - \frac{GM}{c^2 r}\right]^{-2} - dx^2 - dy^2 - dz^2 =$$

$$c^2 dt^2 \left[1 + 2\frac{GM}{c^2 r}\right] - dx^2 - dy^2 - dz^2$$

Nesse último passo, aproveita-se a possibilidade de aproximar o intervalo no tempo (Δt) a um infinitésimo no tempo-espaço. Como estamos tratando de grandezas quadráticas, podemos realizar uma expansão que se justifica pelo fato de a contribuição para a energia potencial de uma massa no campo gravitacional ser, de maneira geral, muito menor do que a energia de repouso armazenada nessa massa, ou seja, $\frac{GM}{r} \ll Mc^2$. Logo, é possível estruturar uma expansão do tipo $\frac{1}{(1-x)^2} \approx 1 + 2x$.

Essa influência do tempo na Equação 6.29 se manifesta em todas as componentes espaciais.
Para ilustrar essa questão, imagine um cilindro que revoluciona ao redor de seu eixo longitudinal com velocidade tangencial $\vec{v} = \omega r \hat{\theta}$, em que $\hat{\theta}$ é o versor tangencial ao sólido (Figura 6.7). Para a situação em que $|\vec{v}| \ll c$, não podemos perceber efeitos relativísticos. Estabelecendo uma escala paralela ao raio R, quando o cilindro começa a girar, as escalas paralelas à velocidade $\vec{v}$ são alteradas e, assim, as "medidas" dos raios observados tornam-se diferentes.

Figura 6.7 – Exemplo de cilindro para ilustrar o efeito da mudança do tempo causada pela ação da massa em todas as dimensões espaciais

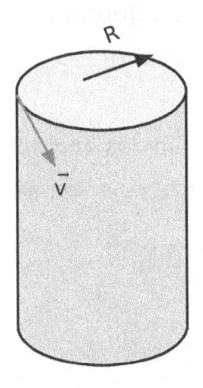

No entanto, uma melhor compreensão da curvatura espaço-tempo demanda um corpo tridimensional com curvatura, que não pode ser influenciado por qualquer "desdobramento". Não é o caso do cilindro, já que é possível "abri-lo" em um plano.

Nesse sentido, esferas são superfícies de curvatura positiva, pois a soma dos ângulos formados dentro de segmentos de sua superfície é maior do que 180° (Figura 6.8). Para os casos em que a soma é menor do que esse valor, há uma curvatura negativa; um exemplo desse tipo de superfície é a sela (Figura 6.9). Essas noções remetem aos princípios de Riemann, que define uma geometria com base nessas métricas e com classificações baseadas no tensor métrico expresso na Equação 6.24.

Um dos grandes desafios impostos pela TRG está atrelado à sua capacidade de realizar grandes previsões sobre o Universo. Com o exposto até aqui, seria possível, por exemplo, indicar sua geometria, caso soubéssemos como a massa se distribui nele.

Figura 6.8 – Representação dos ângulos internos de segmentos de uma superfície esférica, cuja soma caracteriza a curvatura

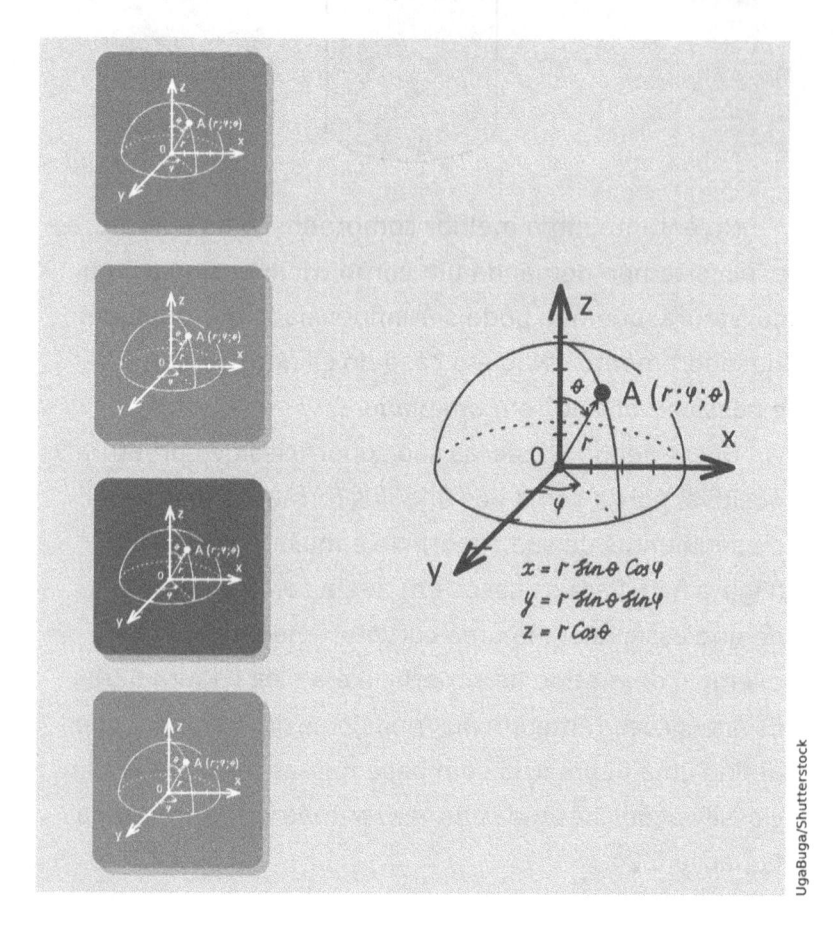

Figura 6.9 – Exemplo de superfície com curvatura negativa (sela)

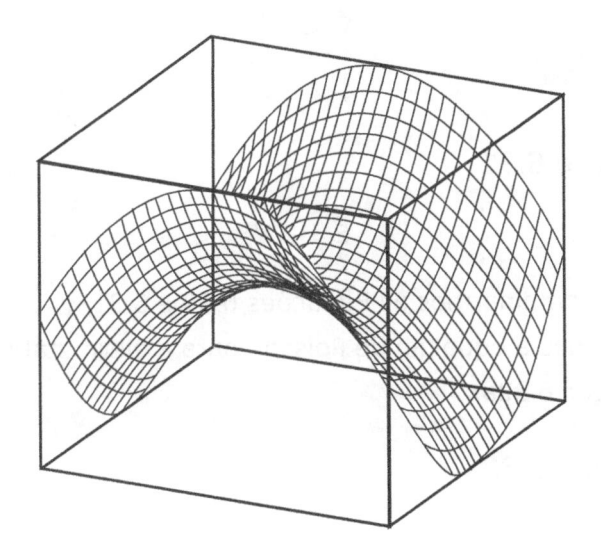

Fonte: Andrade, 1999.

Para avançarmos na compreensão das relações entre a gravitação relativística e as demais áreas da física, retornaremos ao tratamento matemático das equações do eletromagnetismo. A primeira lei de Gauss da eletricidade (Equação 6.30) indica o efeito da distribuição volumétrica de carga elétrica ρ no campo elétrico $\vec{E}$. Essa descrição se amplia para o campo elétrico $V(r)$, que pode ser expresso como o gradiente do potencial, conforme a Equação 6.31.

Equação 6.30

$$\vec{\nabla} \cdot \vec{E} = \frac{\rho}{\varepsilon_0}$$

Equação 6.31

$$\vec{E} = -\nabla V$$

Se combinarmos as Equações 6.30 e 6.31, obteremos a equação de Poisson para a eletrostática (Equação 6.32a).

Equação 6.32a

$$\vec{\nabla} \cdot \vec{E} = -\vec{\nabla} \cdot (\nabla V) = \nabla^2 V = \frac{-\rho}{\varepsilon_0}$$

Nessa etapa, existem algumas diferenças importantes que devem ser consideradas. No caso de um campo gravitacional $\vec{G}$ devido a um objeto massivo de densidade ρ_m, é possível utilizar a lei de Gauss para encontrar a fonte geradora do potencial. Todavia, é preciso tomar cuidado, pois, diferentemente da interação eletrostática, em que, por ser mediada por polaridades diferentes, as cargas interagentes tendem a ir para a superfície de um corpo carregado, a interação gravitacional é mediada por apenas uma grandeza e, por isso, tende a manifestar-se em todo o espaço. Assim, usando a lei de Gauss, encontramos a Equação 6.32b.

Equação 6.32b

$$\vec{\nabla} \cdot \vec{G} = -4\pi G \rho_m$$

Como o campo gravitacional é conservativo (e seu rotacional é nulo), podemos também descrever o potencial gravitacional ϕ, que nos fornece o campo, conforme a Equação 6.32c.

Equação 6.32c

$$\vec{G} = -\nabla \phi$$

Substituindo os termos na lei de Gauss, obtemos a Equação 6.32d.

Equação 6.32d

$$\vec{\nabla} \cdot (-\nabla \phi) = -4\pi G \rho_m$$

Dessa forma, inferimos que a constante ε_0 do eletromagnetismo pode ser expressa como $\dfrac{1}{4\pi G}$ (em que G é a constante da gravitação universal de Newton), comprovando que é possível escrever a equação de Poisson para a gravitação conforme a Equação 6.33.

Equação 6.33

$$\nabla^2 \phi = 4\pi G \rho_m$$

em que:

- ϕ é o potencial gravitacional.

Esse campo se associa à métrica da geometria espaço-tempo de Riemann, caracterizada pelo tensor contraído de Riemann-Christoffel, ou de Ricci $R_{\mu\nu}$, e pela curvatura $R = g^{\mu\nu}R_{\mu\nu}$. A forma diferente do tensor métrico de Minkowski deve-se ao fato de tais equações não variarem para mudanças de coordenadas. Por meio desse procedimento, Einstein observou que o lado esquerdo da equação de Poisson deveria ser substituído por uma combinação entre $R_{\mu\nu}$ e R, assim como, no lado direito, o termo ρ_m deveria ser substituído por um tensor: "uma vez que sabemos, segundo a Teoria da Relatividade Restrita, que a massa (inerte) é igual à energia, devemos colocar do lado direito o tensor de densidade energia – $T_{\mu\nu}$ – mais precisamente, de toda a densidade de energia que não pertence ao campo gravitacional puro" (Einstein citado por Bassalo, 1997, p. 185).

Por meio dessa operação, em 1915, Einstein apresentou sua famosa equação para o campo gravitacional (Equação 6.34), a qual relaciona a geometria do espaço-tempo à distribuição de massa e às suas componentes no tensor da energia. Nessa expressão, c^2 surge pela contribuição da influência do tempo na métrica.

Equação 6.34

$$R_{\mu\nu} - \frac{1}{2}g_{\mu\nu}R = -kT_{\mu\nu}$$

em que:

- k é a constante da gravitação universal de Newton-Einstein, dada por $k = \dfrac{8\pi G}{c^2}$.

Para leitores menos familiarizados com a notação tensorial, pouco abordada em cursos de graduação, apresentaremos, na sequência, uma explicação simplificada sobre o tema, impondo a constante k na solução.

Notação simplificada

Imagine um universo preenchido por pequenas partículas "propagando-se" esfericamente – isso não quer dizer que as partículas se propagam no espaço, e sim que o espaço onde as partículas estão se propaga –, como mostra a Figura 6.10, a seguir.

Figura 6.10 – Propagação esférica de um universo

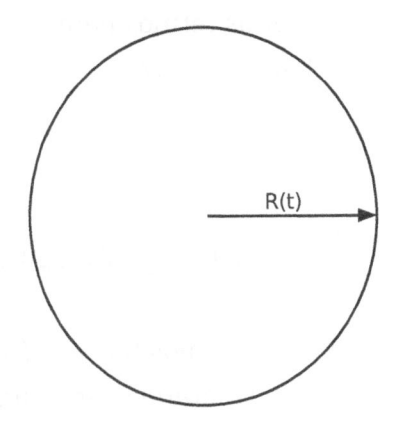

Fora da esfera não há matéria. Embora seu raio varie com o tempo, a massa M, calculada pela Equação 6.35, em seu interior permanece a mesma.

Equação 6.35

$$M = \frac{4\pi}{3} R(t)^3 \rho_m(t)$$

A função $\rho_m(t)$ indica que a densidade muda com o tempo, o que faz sentido, pois o raio varia com o tempo. Podemos pensar em uma continuidade de massa para um instante t_0 inicial do universo, conforme a Equação 6.36 (perceba que não estamos usando a ideia de espaço-tempo, mas considerando o tempo uma coordenada distinta do espaço).

Equação 6.36

$$M = M(t) = M(t_0)$$

Podemos reescrever os termos para a simetria esférica, obtendo a Equação 6.37.

Equação 6.37

$$M = \frac{4\pi}{3} R(t)^3 \rho_m(t) = \frac{4\pi}{3} R(t_0)^3 \rho_m(t_0)$$

Considerando os dois últimos termos, é possível definir o raio inicial como unitário usando uma unidade arbitrária $R(t_0) = 1$, de modo a obter a Equação 6.38.

Equação 6.38

$$\rho_m(t)R(t)^3 = \rho(t_0)$$

Aplicando o princípio fundamental da dinâmica e considerando uma massa teste *m* nos arredores da esfera (Figura 6.11) sujeita à interação gravitacional, chegamos à Equação 6.39.

Figura 6.11 – Massa teste *m* nos arredores da esfera

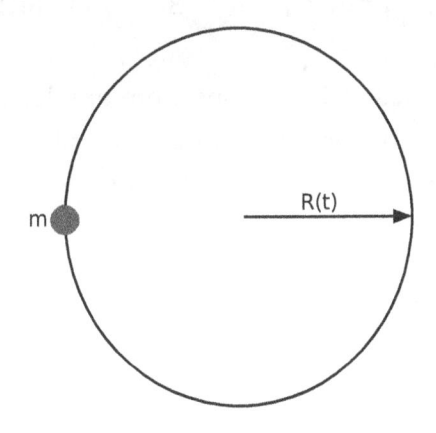

Equação 6.39

$$\vec{F}_m = -\frac{GmM}{R(t)^2} \Rightarrow m\frac{d^2R(t)}{dt^2} = -\frac{Gm}{R(t)^2}\left(\frac{4\pi\rho_m(t_0)}{3}\right)$$

Agora, usamos a notação de Leibniz para representar a aceleração como a segunda derivada temporal e aplicamos o resultado da Equação 6.39. Desse modo, fica fácil notar que a expressão independe da massa teste *m*. Podemos multiplicar ambos os lados pela velocidade de expansão $\frac{dR}{dt}$ e lembrar a regra da cadeia para tratar derivadas, obtendo a Equação 6.40.

Equação 6.40

$$\frac{d^2R(t)}{dt^2}\frac{dR}{dt} = -\frac{G}{R(t)^2}\left(\frac{4\pi\rho_m(t_0)}{3}\right)\frac{dR}{dt} \Rightarrow$$

$$\frac{d}{dt}\left[\frac{1}{2}\left(\frac{dR}{dt}\right)^2\right] = -\frac{4\pi G\rho_m(t_0)}{3}\frac{d}{dt}\left(-\frac{1}{R(t)}\right)$$

Como ambos os lados consistem em derivadas temporais, podemos integrar e encontrar uma constante independente do tempo *K*. Assim, a Equação 6.40 torna-se a 6.41.

Equação 6.41

$$\frac{1}{2}\left(\frac{dR}{dt}\right)^2 = \frac{4\pi G\rho_m(t)}{3}\frac{1}{R(t)} + K \Rightarrow \left(\frac{dR}{dt}\right)^2 R(t) - \frac{8\pi G\rho_m(t)}{3} = KR(t)$$

O primeiro termo dessa equação diferencial é o termo cinético e o segundo, a contribuição potencial. Trata-se uma simplificação da Equação 6.34 (tensorial) para um caso em que a expansão é constante, a métrica é esférica, a densidade de massa é homogênea e isotrópica, e não existe a unificação espaço-tempo. Na forma geral da Equação 6.34, a constante *K* depende da contribuição potencial ponderada pela velocidade da luz.

6.4.1 Buracos negros

Uma questão da TRG que atrai bastante o interesse do público em geral é a teoria que apresentou os buracos negros. Para compreendê-la, é necessário abordar a solução de Karl Schwarzschild (1873-1916), que parte da métrica do espaço-tempo de Minkowski com a alteração do potencial gravitacional, conforme a Equação 6.42.

Equação 6.42

$$ds^2 = c^2 dt^2 \left[1 - \frac{GM}{c^2 r}\right]^2 b(r) - d(r)[dx^2 + dy^2 + dz^2]$$

Nesse caso, é possível obter as funções b(r) e d(r) pela minimização da ação de uma trajetória descrita por um corpo sob a influência de um campo gravitacional. Em mecânica racional, a minimização de grandezas por um cálculo funcional (Goldstein; Poole; Safko, 2002) consiste em uma ferramenta prática de métodos matemáticos para físicos (Butkov, 2013).

As soluções para essas funções (Equações 6.43 e 6.44) são obtidas por meio de um lagrangiano que pode ser minimizado pelas equações de Euler-Lagrange, resultando em:

Equação 6.43

$$b(r) = \left(1 - \frac{2GM}{c^2 r}\right)^{1/2}$$

Equação 6.44

$$d(r) = \frac{1}{b(r)}$$

A expressão *b(r)* corresponde à contribuição temporal do efeito gravitacional. Esse termo é anulado para valores de *r* específicos, o que poderia ser compreendido como o congelamento do tempo. Trata-se de um resultado interessante: em relação a uma determinada massa confinada em uma área delimitada por esse raio *r*, a luz não poderia propagar-se, pois sua inércia seria atraída pela interação gravitacional e todos os eventos nessa região seriam do tipo luz – os quais abordamos no Capítulo 3. Além disso, o resultado nulo de *b(r)* indica uma singularidade no espaço.

Logo após a publicação dos dois artigos de Schwarzschild sobre a questão, foi observada a precessão na órbita de Mercúrio durante o eclipse solar de 1919 pela equipe de Arthur Stanley Eddington (1882-1944) (SAA, 2016).

Conhecimento quântico

A construção das soluções de Schwarzschild representou uma longa saga em sua vida, inclusive enquanto ele combatia na Primeira Guerra Mundial. Detalhes de como trabalhou com as órbitas de alguns planetas são apresentados pelo professor Alberto Saa no seguinte artigo:

SAA, A. Cem anos de buracos negros: o centenário da solução de Schwarzschild. **Revista Brasileira de Ensino de Física**, v. 38, n. 4, e4201, ago. 2016. Disponível em: <https://www.scielo.br/pdf/rbef/v38n4/1806-1117-rbef-38-04-e4201.pdf>. Acesso em: 30 out. 2020.

Os buracos negros foram, durante muito tempo, construções teóricas sem comprovações observacionais. Entretanto, atualmente há evidências de que a fonte binária de raios X Cygnus X1 pode conter um buraco negro. Nesse caso, a emissão de raios X estaria associada à energia liberada pela matéria de uma estrela por um buraco negro. Também se constatam dados que sugerem a existência de buracos negros no núcleo de galáxias (Nussenzveig, 2003).

Um desenvolvimento muito particular dessa teoria consiste em perceber que, ao se afastar de uma massa, um relógio andaria mais rápido do que outro mais próximo. Isso indica dois comportamentos opostos na relatividade: um cinético, que discutimos ao tratar da TRE, causado pelo movimento, e outro inercial, causado pela interação gravitacional.

Antes de concluirmos este capítulo, devemos retornar à discussão sobre as pretensas finalidades da TRG, que, além de uma teoria da gravitação, seria uma teoria que pretende explicar todo o Universo e apontar seu propósito. Contudo, não é um objetivo da TRG esclarecer tal propósito, uma vez que isso ultrapassa a missão da física de descrição do comportamento observável da natureza.

Por mais tentador que seja para alguém familiarizado com o misticismo moderno identificar como verdadeira uma proposição como "A TRG comprova que a pura liberdade da luz está longe da matéria!", afirmações desse tipo estão no campo da metafísica e não da física, visto que termos como *liberdade* e *pureza* não fazem parte do escopo da descrição da natureza proposta por essa ciência.

Façamos uma analogia de nossa busca de conhecimento por meio da ciência com a fábula grega em que Édipo se encontra com a Esfinge. Segundo a narrativa, Édipo, filho do rei de Corinto, ao fugir do destino vaticinado pelo oráculo de Delfos de matar o próprio pai, chega à cidade de Tebas, onde encontra a Esfinge, um monstro que se assemelha a um leão alado com seios e rosto de mulher. Ela esperava os viajantes que passavam na estrada a caminho da cidade e lhes propunha um enigma. Caso respondesse corretamente, o viajante poderia seguir seu caminho; caso contrário, seria devorado (Hamilton, 1997). Em uma de suas várias versões, o questionamento proposto para Édipo foi: "Quem és tu? De onde vieste? Para onde vais?" (Salis, 2003, p. 103). Não se sabe precisamente qual foi a resposta de Édipo, porém essa questão assola toda a humanidade desde seus primórdios. Em algum momento da vida nos deparamos, alegoricamente, com o desafio da Esfinge: "decifra-me ou te devoro". Com efeito, a TRG é incapaz de responder a tal questionamento nos termos colocados. No entanto, com a física, continuaremos trilhando caminhos complexos e sinuosos, a fim de aprender com a natureza aquilo que ela nos apresenta; assim, podemos conhecer um pouco mais sobre nós mesmos, porque somos parte do mundo natural e do Universo.

Radiação residual

- A teoria da relatividade geral (TRG) baseia-se na descrição, sustentada pelo princípio da equivalência, do movimento em sistemas acelerados que não se enquadram nos sistemas inerciais.
- A TRG constitui-se em uma teoria da gravitação porque explica os fenômenos relacionados aos movimentos dos planetas e os efeitos da gravidade não mais pela massa em si, mas pela curvatura do espaço-tempo.
- Os efeitos da distribuição de massa no espaço-tempo permitem a previsão dos fenômenos luminosos próximos a grandes massas, os quais são observados na astronomia e modelados na astrofísica.
- Os buracos negros correspondem à solução da equação da TRG para a descrição da curvatura do tempo e consistem em regiões no espaço nas quais a densidade de matéria é tão alta que a luz não pode propagar-se.

Testes quânticos

1) A respeito do princípio da equivalência, analise as afirmativas a seguir:

   I) A massa dos corpos depende da natureza da força aplicada.
   II) A massa dos corpos é uma medida de sua inércia.
   III) Não é possível fazer um experimento físico que revele se estamos sob a ação de um campo gravitacional ou se estamos nos movendo aceleradamente.

   Agora, assinale a alternativa que apresenta a(s) afirmativa(s) correta(s):

   a) Somente I.
   b) Somente II.
   c) Somente III.
   d) I e II.
   e) II e III

2) Com relação às particularidades levantadas por Einstein sobre o potencial gravitacional, indique se as afirmações a seguir são verdadeiras (V) ou falsas (F):

   ( ) A atração gravitacional diminui com o tempo do Universo.
   ( ) O espaço-tempo é homogêneo e, portanto, tem mesma densidade em todos os pontos.
   ( ) O espaço-tempo é isotrópico, apresentando as mesmas propriedades em todas as direções.

( ) As considerações de Einstein sobre o Universo homogêneo e isotrópico são totalmente plausíveis na atualidade.

( ) Não podemos utilizar a equação de Poisson no potencial gravitacional, já que este é sempre atrativo.

Agora, assinale a alternativa que apresenta a sequência obtida:

a) F, V, F, V, F.
b) F, V, V, F, F.
c) V, V, V, F, V.
d) F, F, F, V, F.
e) V, V, F, V, F.

3) A respeito do intervalo de tempo próprio, analise as afirmativas a seguir:

I) Trata-se de um vetor de Lorentz.
II) Trata-se de uma grandeza sempre positiva.
III) Trata-se da base para descrever a métrica do espaço-tempo.

Agora, assinale a alternativa que apresenta a(s) afirmativa(s) correta(s):

a) Somente I.
b) Somente II.
c) Somente III.
d) I e II.
e) II e III.

4) Com relação às transformações de Lorentz e sua relação com o espaço de Minkowski, é correto afirmar:
   a) As transformações de Lorentz são artefatos matemáticos sem sentido físico.
   b) As transformações de Lorentz equivalem a translações no espaço de Minkowski.
   c) As transformações de Lorentz equivalem a rotações no espaço de Minkowski.
   d) As transformações de Lorentz equivalem a vibrações no espaço de Minkowski.
   e) As transformações de Lorentz equivalem a combinações de translações e vibrações no espaço de Minkowski.

5) Sobre os buracos negros, podemos afirmar que:
   a) são soluções matemáticas da equação de espaço-tempo de Einstein.
   b) são soluções matemáticas sem sentido físico.
   c) são regiões do espaço-tempo em que a atração gravitacional é maior do que a energia eletromagnética da matéria.
   d) são regiões do espaço-tempo em que o tempo é acelerado.
   e) são regiões do espaço intergaláctico onde se observou a inexistência de matéria.

Interações teóricas

Computações quânticas

1) Imagine uma massa m lançada do alto de uma torre de altura h. Na base dessa torre, a massa total da partícula é transformada em um fóton e retorna ao topo – nada impossível se pensarmos na transformação de partículas em fótons, conforme a física de partículas. Usando o princípio da quantização da energia de Planck para o elétron, demonstre que a frequência do fóton no referencial em queda livre pode ser obtida por meio do efeito Doppler com a seguinte expressão:

$$\frac{\nu'}{\nu} = \frac{1+gh}{\sqrt{1-g^2h^2}}$$

em que:

- ν' é a frequência no referencial em queda livre;
- ν é a frequência no alto da torre.

2) Em um espaço curvo, suponha uma curva parametrizada de tal forma que a posição radial seja uma função de um parâmetro σ, $r = r(\sigma)$, e a posição angular seja uma função do mesmo parâmetro $\varphi = \varphi(\sigma)$. Com base nessa suposição, demonstre que o lagrangiano é dado por:

$$L = \left[\left(\frac{dr}{d\sigma}\right)^2 + r^2\left(\frac{d\varphi}{d\sigma}\right)^2\right]^{1/2}$$

3) Obtenha, na notação tensorial, o momento linear dado por:

$$P_\mu = \left(\frac{E}{c}, p_x, p_y, p_z\right)$$

Relatório do experimento

1) A teoria da relatividade geral (TRG) ainda apresenta poucas aplicações tecnológicas, porém uma bastante conhecida é o sistema global de posicionamento (GPS). Descreva, por meio de um esquema, como esse sistema de satélites necessita das previsões tanto da TRG quanto da teoria da relatividade especial (TRE) para indicar o posicionamento de objetos sobre a Terra.

2) Realize uma pesquisa sobre produções artísticas (pintura, música, cinema etc.) que fazem alusão à complexidade do tempo e sua interação com a matéria. Construa um portfólio com essas produções e compare-o com os de seus colegas de estudo.

Além das camadas eletrônicas

A teoria da relatividade, assim como todas as produções científicas da humanidade, ainda é uma obra inacabada que necessita ser revista e ensinada para novas gerações de estudantes.

Nesta obra, apresentamos a história da resolução dos conflitos instaurados na descrição do movimento e das grandes descobertas e aplicações do eletromagnetismo. Além disso, demonstramos como essas aplicações levaram à necessidade da revisão das teorias da mecânica.

As valiosas contribuições de Einstein e outros cientistas do início do século XX foram abordadas em detalhes, a fim de esclarecer conceitos como espaço-tempo, simultaneidade, causalidade e seus diversos desdobramentos teóricos.

Por fim, a fascinante aplicação da teoria da relatividade como uma teoria da gravitação foi apresentada de forma introdutória, de modo a familiarizar o leitor com o vocabulário e as questões em aberto dessa área da física.

Referências

ALVES, R. O que é científico? **Psychiatry On-line Brazil**, v. 4, n. 4, abr. 1999. Disponível em: <http://www.polbr.med.br/ano99/cientif4.php>. Acesso em: 30 out. 2020.

ANDRADE, C. D. de. A. As contradições do corpo. In: ANDRADE, C. D. de. A. **Nova reunião**: 23 livros de poesia. São Paulo: Cia. das Letras, 2015. p. 861-862.

ANDRADE, L. N. Paraboloide hiperbólico (sela). **Gráficos de algumas superfícies**. 1999. Disponível em: <http://www.mat.ufpb.br/vetorial/_sela.htm>. Acesso em: 30 out. 2020.

BARROW, J. D.; MANGUEIJO, J. Can a Changing α Explain the Supernovae Results? **The Astrophysical Journal**, v. 532, n. 2, p. 87-90, Apr. 2000. Disponível em: <https://iopscience.iop.org/article/10.1086/312572/pdf>. Acesso em: 3 nov. 2020.

BASSALO, J. M. F. A crônica da ótica clássica (Parte III: 1801-1905). **Caderno Brasileiro de Ensino de Física**, Florianópolis, v. 6, n. 1, p. 37-58, abr. 1989. Disponível em: <https://periodicos.ufsc.br/index.php/fisica/article/view/7719/15172>. Acesso em: 28 set. 2020.

BASSALO, J. M. F. Aspectos históricos das bases conceituais das relatividades. **Revista Brasileira de Ensino de Física**, v. 19, n. 2, p. 180-188, jun. 1997. Disponível em: <http://www.sbfisica.org.br/rbef/pdf/v19_180.pdf>. Acesso em: 21 set. 2020.

BAUMAN, Z. **Modernidade líquida**. São Paulo: Zahar, 1999.

BOYER, C.; MERZBACH, U. **História da matemática**. São Paulo: E. Blücher, 2012.

BRASIL. Ministério da Educação. Secretaria de Educação Básica. **Parâmetros Curriculares Nacionais**: Ciências da Natureza, Matemática e suas Tecnologias. Brasília, 1998. Disponível em: <http://portal.mec.gov.br/seb/arquivos/pdf/ciencian.pdf>. Acesso em: 28 set. 2020.

BUNGE, M. **Teoria e realidade**. Tradução de Gita K. Guinsburg. São Paulo: Perspectiva, 1974. (Debates Filosofia da Ciência, v. 72).

BUTKOV, E. **Física matemática**. Rio de Janeiro: LTC, 2013.

COSTA, R. Aristóteles, física, movimento e a natureza da luz. Νεκρομαντεῖον, 13 jan. 2011. Disponível em: <http://oleniski.blogspot.com/2011/01/aristoteles-fisica-movimento-e-natureza.html>. Acesso em: 25 set. 2020.

EINSTEIN, A. Folgerungen aus den Capillaritätserscheinungen. **Annalen der Physik**, v. 14, n. 3, p. 513-523, 1901.

EINSTEIN, A. **Notas autobiográficas**. Tradução de Aulyde Soares Rodrigues. Rio de Janeiro: Nova Fronteira, 1982.

EINSTEIN, A. Sobre o princípio da relatividade e suas implicações. Tradução de Peter A. Schulz. **Revista Brasileira de Ensino de Física**, v. 27, n. 1, p. 37-61, 2005. Disponível em: <https://www.scielo.br/pdf/rbef/v27n1/a05v27n1.pdf>. Acesso em: 1º out. 2020.

EINSTEIN, A. Über die von der Molekularkinetischen Theorie der Wärme Geforderte Bewegung von in Ruhenden Flüssigkeiten Suspendierten Teilchen. **Annalen der Physik**, v. 17, n. 8, p. 549-560, 1905a.

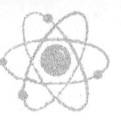

EINSTEIN, A. Über einen die Erzeugung und Verwandlung des Lichtes betreffenden Heuristischen Gesichtspunkt. **Annalen der Physik**, v. 17, n. 6, p. 132-148, 1905b.

EINSTEIN, A. Zur Elektrodynamik bewegter Körper. **Annalen der Physik**, v. 17, n. 8, p. 891-921, 1905c.

ENGELHARDT, W. W. On the Origin of the Lorentz Transformation. **International Journal of Science and Research Methodology**, v. 9, n. 4, p. 159-167, June 2018. Disponível em: <https://arxiv.org/ftp/arxiv/papers/1303/1303.5309.pdf>. Acesso em: 3 nov. 2020.

FARA, P. **Uma breve história da ciência**. Tradução de Karin Hueck. Curitiba: Fundamento, 2014.

FERNANDES, A. C. P. et al. Efeito Doppler com tablet e smartphone. **Revista Brasileira de Ensino de Física**, v. 38, n. 3, e3504, 2016. Disponível em: <https://www.scielo.br/pdf/rbef/v38n3/1806-1117-rbef-38-03-e3504.pdf>. Acesso em: 17 dez. 2020.

FEYNMAN, R. P.; LEIGHTON, R. B.; SANDS, M. **Lições de Física de Feynman**. Tradução de Adriana Válio Roque da Silva e Kaline Rabelo Coutinho. Porto Alegre: Bookman, 2009.

FÍSICA VIVENCIAL. **Gestão de erros**. Comentários: Desafio 1. Disponível em: <http://www.fisicavivencial.pro.br/sites/default/files/sf/716SF/08_avaliacao_03.htm>. Acesso em: 5 fev. 2021.

GERALD, G. F. F. The Ether and the Earth's Atmosphere. **Science**, v. 13, n. 328, p. 390, 17 May 1889.

GOLDSTEIN, H.; POOLE, C.; SAFKO, J. **Classical Mechanics**. San Francisco: Addison Wesley, 2002.

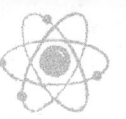

GRIFFITHS, D. J. **Eletrodinâmica**. Tradução de Heloisa Coimbra de Souza. 3. ed. São Paulo: Pearson, 2011.

GRIFFITHS, D. J. **Mecânica quântica**. Tradução de Lara Freitas. São Paulo: Pearson, 2013.

HAMILTON, E. **Mitologia**. Tradução de Jefferson Luiz Camargo. São Paulo: M. Fontes, 1997.

HELERBROCK, R. Primeira lei de Newton. **Mundo Educação**. Disponível em: <https://mundoeducacao.uol.com.br/fisica/primeira-lei-newton.htm>. Acesso em: 22 set. 2020.

HOLLINGDALE, S. **Makers of Mathematics**. London: Penguin Books, 1989.

HOME, K. Acceleration Disks. In: WHELLER, J. C. **Accretion Disks in Compact Stellar Systems**. New York: World Scientific Publishing Company, 1993. p. 54-66.

IFSC – Instituto de Física de São Carlos. Universidade de São Paulo. Velocidade da luz – 1. **Laboratório Avançado de Física**, 2013. Disponível em: <http://www.ifsc.usp.br/~lavfis/images/BDApostilas/ApVelLuz/VelocLuz_1a.pdf>. Acesso em: 15 dez. 2020.

INDEXMUNDI. **Mapa comparativo entre países**: consumo de eletricidade per capita por país. Disponível em: <https://www.indexmundi.com/map/?v=81000&r=xx&l=pt>. Acesso em: 13 out. 2020.

KLEPPNER, D. Relendo Einstein sobre radiação. **Revista Brasileira de Ensino de Física**, v. 27, n. 1, p. 87-91, 2004. Disponível em: <https://www.scielo.br/pdf/rbef/v27n1/a09v27n1.pdf>. Acesso em: 16 dez. 2020.

KOLLERITZ, F. Testemunho, juízo político e história. **Revista Brasileira de História**, São Paulo, v. 24, n. 48, p. 73-100, 2004. Disponível em: <https://www.scielo.br/pdf/rbh/v24n48/a04v24n48.pdf>. Acesso em: 22 out. 2020.

LANDAU, L.; RUMER, I. **O que é a teoria da relatividade**. Moscou: Mir, 1975.

LORENTZ, H. A. Electromagnetic Phenomena in a System Moving with Any Velocity Smaller than That of Light. In: LORENTZ, H. A. **Collected Papers**. Dordrecht: Springer Netherlands, 1904. p. 809-831. v. 6.

LOURENÇO, A. J. B. **Como tudo começou**. São José dos Campos: Fiel, 2018.

MACHADO, M. V. T. Ondas gravitacionais e gráviton. **Centro de Referência para o Ensino de Física**. Disponível: <https://www.if.ufrgs.br/novocref/?contact-pergunta=ondas-gravitacionais-e-graviton>. Acesso em: 17 dez. 2020.

MASI, D. D. **Uma simples revolução**. Tradução de Yadyr Figueiredo. São Paulo: Sextante, 2019.

MCDOWELL, J. **Mais que um carpinteiro**. Tradução de Myrian Talitha Lins. 2. ed. Belo Horizonte: Betânia, 1980.

MOREIRA, M. A. Partículas e interações. **Física na Escola**, v. 5, n. 2, p. 10-14, 2004. Disponível em: <http://www.sbfisica.org.br/fne/Vol5/Num2/v5n1a03.pdf>. Acesso em: 8 out. 2020.

NEWTON, I. **Principia**: princípios matemáticos de filosofia natural. Tradução de Trieste Ricci, Leonardo Gregory Brunet, Sônia Terezinha Gehring e Maria Helena Curcio Célia. São Paulo: Edusp, 1990. v. 1.

NUSSENZVEIG, H. M. **Curso de física básica**. São Paulo: E. Blücher, 2002a. v. 1: Mecânica.

NUSSENZVEIG, H. M. **Curso de física básica**. 4 ed. São Paulo: E. Blücher, 2002b. v. 2: Fluidos, oscilações e ondas, calor.

NUSSENZVEIG, H. M. **Curso de física básica**. São Paulo: E. Blücher, 1997. v. 3: Eletromagnetismo.

NUSSENZVEIG, H. M. **Curso de física básica**. São Paulo: E. Blücher, 2003. v. 4: Física moderna e óptica.

OLIVEIRA FILHO, K. S.; SARAIVA, M. F. O. **Astronomia e astrofísica**. 3. ed. São Paulo: Editora da Física, 2013.

OLIVEIRA, T. B. de; LIMA, V. T.; BERTUOLA, A. C. Aristarco revisitado. **Revista Brasileira de Ensino de Física**, v. 38, n. 2, e2304, jun. 2016. Disponível em: <https://www.scielo.br/pdf/rbef/v38n2/0102-4744-rbef-38-02-e2304.pdf>. Acesso em: 03 nov. 2020.

PESSOA JUNIOR, O. **Conceitos de física quântica**. São Paulo: Livraria da Física, 2003. v.1.

RELATIVIDADE de Galileu. **Reflexões e Ressonâncias**, 14 out. 2013. Disponível em: <http://reflexoesnoensino.blogspot.com/2013/10/relatividade-de-galileu.html>. Acesso em: 21 set. 2020.

SAA, A. Cem anos de buracos negros: o centenário da solução de Schwarzschild. **Revista Brasileira de Ensino de Física**, v. 38, n. 4, e4201, ago. 2016. Disponível em: <https://www.scielo.br/pdf/rbef/v38n4/1806-1117-rbef-38-04-e4201.pdf>. Acesso em: 30 out. 2020.

SALIS, V. D. **Mitologia viva**: aprendendo com os deuses a arte de viver e amar. São Paulo: Nova Alexandria, 2003.

SAMPAIO, W. **Campo e potencial elétrico**. 7 mar. 2012. 16 *slides*, color. Disponível em: <https://www.slideshare.net/jabah/campo-e-potencial-eltrico-11914190/11>. Acesso em: 5 fev. 2021.

SANTOS, A. C. de A. **Fontes orais**: testemunhos, trajetórias de vida e história. Disponível em: <http://www.uel.br/cch/cdph/arqtxt/Testemuhostrajetoriasdevidaehistoria.pdf>. Acesso em: 22 out. 2020.

SANTOS, C. A. dos; SILVEIRA, F. L. da. Einstein surfando em uma onda de luz: a história mal contada de um experimento idealizado. In: SANTOS, C. A. (Org.). **A luz e algumas de suas tecnologias**: um estudo da física. Ponta Grossa: Ed. da UEPG, 2017. p. 81-94.

SILVA, C. C. James Clerk Maxwell: Tratado sobre eletricidade e magnetismo. **Grupo de História, Teoria e Ensino de Ciências**. Disponível em: <http://www.ghtc.usp.br/Biografias/Maxwell/Maxwelltrat.html>. Acesso em: 15 dez. 2020.

SILVA, R. T.; CARVALHO, H. B. Indução eletromagnética: análise conceitual e fenomenológica. **Revista Brasileira de Ensino de Física**, São Paulo, v. 34, 4314, 2012. Disponível em: <https://www.scielo.br/pdf/rbef/v34n4/a14v34n4.pdf>. Acesso em: 30 set. 2020.

SILVEIRA, F. L. da; PEDUZZI, L. O. Q. Três episódios de descoberta científica: da caricatura empirista a uma outra história. **Caderno Brasileiro de Ensino de Física**, v. 23, p. 26-52, abr. 2006. Disponível em: <https://www.if.ufrgs.br/~lang/Textos/3_episodios_Hist_Fisica_CBEF.pdf>. Acesso em: 28 set. 2020.

TIPLER, P. A. **Física para cientistas e engenheiros**. Rio de Janeiro: LTC, 2000. v. 1.

TURTELLI, A. O que são raios cósmicos? **Com Ciência**: Revista Eletrônica de Jornalismo Científico, 10 maio 2003. Disponível em: <https://www.comciencia.br/dossies-1-72/reportagens/cosmicos/cos08.shtml>. Acesso em: 7 out. 2020.

VIEIRA, R. S. Uma introdução à teoria dos táquions. **Revista Brasileira de Ensino de Física**, v. 34, n. 3, 3306, 2012. Disponível em: <https://www.scielo.br/pdf/rbef/v34n3/a06v34n3.pdf>. Acesso em: 03 nov. 2020.

YOUNG, H. D.; FREEDMAN, R. A. **Física IV**: ótica e física moderna. Tradução de Daniel Vieira. 14. ed. São Paulo: Pearson Education, 2016.

Bibliografia comentada

GOMIDE, F. M.; BERMAN, M. S. **Introdução à cosmologia relativística**. São Paulo: McGraw-Hill, 1998.

Esse é um livro introdutório sobre cosmologia que, no entanto, apresenta o formalismo matemático de maneira rigorosa. A leitura deve ser acompanhada de uma orientação específica para problemas de cosmologia. Trata-se de um texto interessante para compreender como a relatividade é útil na cosmologia. Além disso, a obra apresenta resultados de pesquisa dos autores.

GRIFFITHS, D. J. **Eletrodinâmica**. Tradução de Heloisa Coimbra de Souza. 3. ed. São Paulo: Pearson, 2011.

Esse livro-texto é interessante para estudantes de graduação do Bacharelado em Física e para estudantes nos anos iniciais de pós-graduação. Contém um capítulo dedicado à apresentação dos conceitos de relatividade. Os exercícios são propostos no decorrer do texto e levam o leitor a ter uma visão geral das dificuldades que os pesquisadores encontraram no desenvolvimento de suas teorias. Há uma abordagem matemática de boa qualidade, sempre apresentada com bom humor.

HOLLINGDALE, S. **Makers of Mathematics**. London: Penguin Books, 1989.

Trata-se de uma coleção de bibliografias de pesquisadores que contribuíram para a matemática. O último capítulo é dedicado à Albert Einstein e apresenta uma boa relação de seus trabalhos com o desenvolvimento da geometria. É uma leitura para ampliar o conhecimento geral, mas contém algumas deduções matemáticas interessantes.

NUSSENZVEIG, H. M. **Curso de física básica**. São Paulo: E. Blücher, 2003. v. 4: Física moderna e óptica.

Essa obra do professor Herch Moysés Nussenzveig é um livro-texto básico para os cursos de Engenharia e Física. Apresenta um capítulo dedicado à relatividade, que trata com esmero da discussão conceitual dos experimentos. Existe uma boa relação de exercícios que podem ser de grande valia para o estudante que deseja um aprimoramento na formulação matemática.

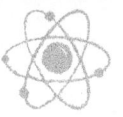

SOUZA, R. E. **Introdução à cosmologia**. 2. ed. São Paulo: Edusp, 2019.

Esse livro de Ronaldo E. de Souza é ideal para quem procura aplicações da relatividade em uma área específica da ciência moderna: a cosmologia. São feitas deduções de forma heurística, enfatizando-se as aplicações no estudo da cosmologia moderna tanto teórica quanto observacional. Os problemas a serem resolvidos a cada capítulo são baseados em temas atuais. Há um volume considerável de referências de estudos para o tema tratado com comentários do autor. O livro foi preparado para estudantes de graduação das áreas de ciências exatas e da terra.

Respostas

Capítulo 1

Testes quânticos

1) a
2) c
3) e
4) b
5) a

Capítulo 2

Testes quânticos

1) b
2) b
3) c
4) b
5) c

Capítulo 3

Testes quânticos

1) c
2) a
3) e
4) a
5) c

Capítulo 4

Testes quânticos

1) c
2) a
3) d
4) c
5) d

Capítulo 5

Testes quânticos

1) b
2) a
3) a
4) b
5) d

Capítulo 6

Testes quânticos

1) e
2) b
3) c
4) c
5) c

Sobre o autor

Vicente Pereira de Barros é bacharel, licenciado, mestre e doutor em Física pela Universidade de São Paulo (USP) e técnico em Mecânica pelo Serviço Nacional de Aprendizagem Industrial (Senai). Sua dissertação de mestrado versou sobre cristalografia e sua tese de doutorado, sobre física teórica. Durante o doutorado, realizou estágio sanduíche na Universität Augsburg, na Alemanha, pelo programa Deutscher Akademischer Austauschdienst (Daad). Também realizou estudos de pós-doutoramento na Faculdade de Medicina Veterinária da USP.

Estagiou na Petrobrás como técnico em Mecânica e trabalhou em instituições públicas e privadas como técnico em laboratório e como professor de Física. Atuou como docente na Universidade Federal da Bahia (UFBA) e, desde 2010, é docente do ensino técnico e tecnológico do Instituto Federal de São Paulo (IFSP), *campus* Itapetininga, tendo exercido o cargo de diretor adjunto educacional entre os anos de 2016 e 2017.

Desenvolve pesquisas nas áreas de ensino de Física e Astronomia, construção de materiais didáticos de baixo custo e fundamentos filosóficos da educação ambiental. Participou do programa Teacher for Future, uma parceria entre os governos do Brasil e da Finlândia para o desenvolvimento de inovações nas áreas do ensino técnico e tecnológico.

Publicou artigos em revistas nacionais e internacionais, nas áreas de pesquisa básica e ensino de Física e Astronomia, além de capítulos de livros sobre educação ambiental. É autor do livro *Física geral: eletricidade – para além do dia a dia*, publicado em 2017 pela Editora InterSaberes.